[印]普什帕·密特拉·巴尔加瓦
Pushpa Mittra Bhargava
[印]禅黛娜·查克拉巴提
Chandana Chakrabarti
著

王菡薇 叶晓林 译

艺术与科学
SCIENCE AND ART

THE TWO FACES
OF BEAUTY

美的两面

人民东方出版传媒
People's Oriental Publishing & Media
东方出版社
The Oriental Press

科学与艺术都是美和创造力的体现。随着人类在智力和社会性方面的发展，以及科学技术的不断进步，人类的艺术创作也趋向于与自然相协调，并且变得更加抽象——就如同数学一样，是所有科学的抽象概念。这部不同寻常的著作提出了一些有关科学、艺术与美学的重要观点，并强调我们既需要科学精神又要有艺术情怀。

这本书中关于科学和艺术的八个论题及其理论基础，是基于笔者六十年的观察、对话、阅读、交流和思考等系列活动而得出的。

支持这些论题的例证来自数学、物理学、分子生物学的研究领域，以及音乐、美术和设计领域。作者通过清晰的文笔和插图展示了自然现象，如螺旋星系、蜘蛛网、斐波那契数列和闪电的分形，以及人类创造的作品，如毕加索（Picasso）、M. F. 胡赛因（M. F. Husain）和埃舍尔（Escher）等大师的画作、音乐作品、纺织品碎片和阿旃陀石窟壁画。这些举例有助于支持作者所提出的观点，并为读者提供直观而具体的参考。

目　录
Contents

1　序　言

13　译者序

21　引　言

23　定　义

27　论　题

31
论题一

自然在各种分辨率下都具有内在美

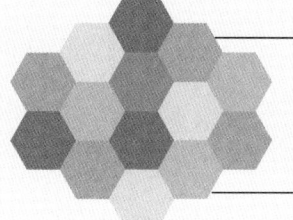

43
论题二

自然符合科学规律

47
论题三、四、五

自然界喜爱数学关系，而且我们与生俱来就能够识别，这种认知赋予人类进化的优势

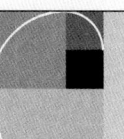

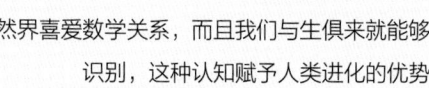

99
论题六
人的审美创造从自然中得到灵感

119
论题七
一切形式的创造都包括美

125
论题八
科学家本能地偏爱美

129　结　语
133　不足之处
134　参考文献
139　其他资源
141　致　谢

序　言

　　这本书中关于科学与艺术的八个论题及其理论基础，基于长达六十年的观察、对话、阅读和思想交流。我在书中后半部分分享了这段经历，一些问题的种子早已播下，而我有幸见证并参与了其中一些思想的形成过程。

　　普什帕·密特拉·巴尔加瓦（Pushpa Mittra Bhargava）很早就开始了对知识和美的深入探索，这已然成为他一生的主题。他坚信知识没有界限，对于知识的人为划分只不过是人类无知的借口。因此，在这种信念的激励下，他轻松地跨越了各个学科。当他在数学、物理和化学领域已经接受过学术训练，而在生物学领域一无所知的情况下，他还是花了职业生涯中六十年的时间，成为生物学家。正是这种信念也促使他深入研究了一些与生物学相去甚远的学科，例如社会科学。

在 20 世纪 60 年代，巴尔加瓦应邀担任巴罗达大学（University of Baroda）微生物学系的客座教师。他前往艺术学院（印度许多才华横溢的画家都曾造访），与该学院负责人、著名画家苏布拉曼扬（Subramanyan）进行了交流。这次对话有助于深化对创作过程、科学美学、审美科学，以及科学家、艺术家、作家、音乐家的创作灵感是否存在共性等问题的理解。后来，毕加索的前女友、《与毕加索的生活》（*My Life with Picasso*）一书的作者弗朗索瓦·吉洛（Françoise Gilot）与她的丈夫乔纳斯·索尔克（Jonas Salk，巴尔加瓦的密友）来到海得拉巴，访问了巴尔加瓦，再次提供了继续上述对话的机会。事实上，在 20 世纪 60 年代至 80 年代期间，巴尔加瓦在他的实验室接待了很多来自国外或印度的杰出科学家，其中包括了二十几位诺贝尔奖获得者，并向他们请教类似问题。他甚至说服爱丁堡大学分子生物学系首任主任、英国皇家科学学会会士（Fellow of the Royal Society，简称

FRS）马丁·波洛克（Martin Pollock）举行关于科学与艺术之间关联的公开演讲。

简洁、优雅和实用是三个深深打动巴尔加瓦的元素，无论是 1953 年在美国度过的第一个夜晚所居住的弗兰克·劳埃德·赖特（Frank Lloyd Wright）设计的房屋，还是 1957 年在剑桥克里克（Crick）实验室第一次看到沃森（Watson）和克里克的双螺旋 DNA 模型，或是某种程度上已成为他身份象征的、印度手工织布机织造出的伊卡特（Ikat）编织图案。随着时间的推移，这三个要素也成为他在 20 世纪 70 年代和 80 年代构建海得拉巴细胞与分子生物学中心（CCMB）时所遵循的原则。

20 世纪 50 年代的海得拉巴几乎没有为艺术与科学的融合提供机会。然而，在 20 世纪 60 年代末，这座宁静的城市开始孕育出当代艺术的萌芽。拉克斯曼·古德曼（Laxman Goodman）、苏里亚·普拉卡什（Surya Prakash）和达科吉·德夫拉杰（Dakoji）在一间由车库改造的工作室里谋生。正是在这里，巴尔加瓦第一次见到了胡赛因，并与他建立了密切联系。拉克斯曼·古德和苏里亚·普拉卡什与巴尔加瓦合作制作了一项关于科学方法的永久性展览，在20世纪70年代末完成。20世纪80年代初，当巴尔加瓦开始建造CCMB时，他邀请苏里亚·普拉卡什成为该研究所的驻地艺术家，这在政府资助的实验室里是前所未有的理念。CCMB为海得拉巴带来了第一个艺术画廊。在CCMB的校园里，胡赛因将一面网球练习墙变成了一幅壁画。在该研究所的招待所里有一间专门为胡赛因准备的客房，多年来，这位画家不声不响地进进出出，让研究所的科学家们非常高兴。研究所校园里举办的艺术展览和艺术营吸引了全市公众，并给艺术家和科学家们提供了一些相互理解对方作品的机会。CCMB甚至邀请了一位著名的中国艺术家李岩在该所驻留一个月。如今，CCMB的艺术收藏已经价值连城。

然而，最引人注目的一次活动发生在 1987 年，CCMB 由时任总理拉吉夫·甘地（Rajiv Gandhi）正式收归国有。这次活动会集画家、雕塑家、舞者、音乐家、电影制作人、作家和思想家进行了一场对话，使他们迸发出许多灵感。除了为期两周的科学研讨会外，该机构还举办了为期一天的艺术与科学研讨会。除来自世界各地和印度的 300 多位杰出科学家外，还有四位诺贝尔奖得主——弗朗西斯·哈利·康普顿·克里克（Francis Harry Compton Crick）、塞韦罗·奥乔亚·德阿尔沃诺斯（Severo Ochoa de Albornoz）、乔治斯·克勒（Georg Kohler）和丹尼尔·卡尔顿·盖杜谢克（Daniel Carleton Gajdusek），以及后来获得诺贝尔奖的三位科学家：发现 HIV 病毒的卢克·蒙泰格那（Luc Montaigne）、开发"试管婴儿"技术的鲍勃·爱德华兹（Bob Edwards）、在细胞生物学领域做出重大贡献的约翰·贡登（John Gurdon）。中国、英国、德国和俄罗斯四个国家分别派大使出席了会议，足以证明此次会议的重要性。

这次艺术与科学研讨会旨在探讨艺术与科学之间的关系、艺术与科学中的创造性活动以及它们对环境感知、人类进步等方面的共同关注和作用。参与者包括舞蹈评论家苏尼尔·科塔里（Sunil Kothari）和萨达南德·梅农（Sadanand Menon）、女高音歌唱家钱德拉莱哈（Chandralekha）、科学家和钢琴家拉贾·拉马纳（Raja Ramanna）、科学家和科普作家贾因特·纳里卡（Jayant Narlikar）、画家古兰·穆罕默德·谢克（Gulam Mohammed Sheikh）和巴彭·哈克哈（Bhupan Khakhar）、音乐家薇迪雅·尚卡尔（Vidya Shankar）、作家维克拉姆·塞斯（Vikram Seth）、电影制作人库马尔·沙哈尼（Kumar Shahani）和玛尼·考尔（Mani Kaul）、建筑师查尔斯·柯里亚（Charles Correa）、漫画家和评论家阿布·亚伯拉罕（Abu Abraham），以及后来成为孟买领导者（Sherif）的巴库·帕特尔（Bakul Patel）等。如此多来自不同领域的创造性人才首次齐聚一堂，再加上先前提及的科学家群体和海得拉巴的艺术名人，共同创建了一个无论从质量还是从规模上来看都前所未有的群体。会议上趣味盎然的交流可能使每个参与者都有所收获并留下深刻印象。

在接下来的几年里，海得拉巴的艺术生态发生了翻天覆地的变化。艺术画廊如雨后春笋般涌现，并举办了一系列展览，引发了企业对艺术愈发浓厚的兴趣。政府起初对科学研究所与艺术的互动持批判态度，甚至引发印度议会质疑，但后来政府开始积极支持在新建的科学研究所以及其他政府部门和机构中进行更加密集的艺术收购和陈列。尽管在有些地方，画作甚至被倒挂着展示，但这种转变标志着对于艺术在学术领域中角色重要性认知程度的不断提高。

我们与各界人士进行了广泛交流，这促成我们共同撰写了关于科学与艺术之间关系的论文，并在随后的多次会议上作出演讲和阐释。备受赞誉的电影制作人夏姆·班尼戈尔（Shyam Benegal）也是我们的密友，他对根据我们合作编写的剧本拍摄成电影表现出浓厚兴趣。我们很激动，因为我们想不出比他更好的人选来把剧本改编成电影了。在 20 世纪 80 年代末，夏姆、巴尔加瓦和我曾多次作过演讲，我清楚地记得其中两次——一次是在科学技术部作的演讲；另一次是为了向国家电影发展公司寻求资助作的演讲——我们当时正在寻找赞助商，但我们无法为计划拍摄的电影筹集到 280 万卢比，即使按照当时的标准来看，这笔资金甚至可以说微不足道。最终那部电影未能实现拍摄计划。

20 世纪 90 年代中期，我们的研究领域扩展到了音乐领域，这是因为美国著名遗传学家（美国国家科学院成员）大野乾（Susumu Ohno）造访海得拉巴，他将 DNA 序列转化为音乐作品。

胡赛因与巴尔加瓦的亲密友谊在 CCMB 时期之后仍然持续着，我们经常发现他不打招呼就来到我们的办公室。无论是他在海得拉巴开设艺术博物馆、电影首映式、新书发布会，还是想要分享一个疯狂的想法，只要胡赛因想来，就会来去自如。

在 21 世纪初的某一天，胡赛因兴奋地来到我们的办公室。他刚刚完成了 88 幅画作以纪念自己的 88 岁生日。他问巴尔加瓦："接下来该做什么呢？"巴尔加瓦深思熟虑后回答道："胡赛因，你和我都是 20 世纪大部分岁月的亲历者，这段时间发生了很多人类历史上最重大的事件。为何不尝试绘制出过去 100 年中最重要的 100 件事件呢？"胡赛因欣然接受了这个提议，但他也向巴尔加瓦提出了两个条件：一是巴尔加瓦必须给他列出这 100 件历史事件的名单，二是他完成绘画后，巴尔加瓦还需要撰写有关这些事件的评论。巴尔加瓦同意了。

不久之后，巴尔加瓦便满足了胡赛因提出的第一个条件，整理出了一份包含 100 件全球重大事件的清单。几个月后，胡赛因再次出现，宣布他已经完成了 25 幅画，并已在迪拜的工作室里将它们制作成了与真品同样尺寸的画布印刷品。现在轮到巴尔加瓦来确定这些绘画是否与他列出的 100 个事件中任何一个相关，并满足第二个条件，即为每件事件和相应绘画撰写文字描述。由于我们办公室没有足够空间存放这些巨幅复制品，因此，巴尔加瓦要求他提供这 25 幅绘画的照片。除此之外，巴尔加瓦还想让胡赛因的儿子穆斯塔法（Mustafa）监督他的父亲写下一些关于创作时想法的文字描述。胡赛因也照办了。

这些画作色彩鲜明、构图大胆、气势磅礴，展现了胡赛因独特的风格。巴尔加瓦深受启发，以至于我从未见过他为了一个不在计划中的工作而放弃自己既定的计划。当他开始写作时，每幅画中的信息都开始像书页一样展开；他原以为描述每件事都只要写一两行文字就行，有时却变成了好几页——而且是以他从未尝试过的自由体诗形式呈现。

令人惊奇的是，这25幅画作可以与100个事件中的15件匹配，加之对20世纪的介绍。有些事件甚至需要多幅画作才能讲清楚。

胡赛因对这个结果感到非常兴奋。穆斯塔法和他的妻子纳吉玛（Najma）很快出版了一本精美的画册，并附上文字，供私人收藏。在这种兴奋的气氛中，我只建议他稍加努力就可以将这些画作变成博物馆里的声光秀，然后就忘记了这件事。胡赛因一直坚持要把这个想法变成现实，在海得拉巴举办了两场现场演出。在昏暗的展厅里，参观者被光影引导着从一幅画走到另一幅画，每幅画布都铺展开，有两个声音朗读其中的诗句，一束聚光灯照亮了画布，现场音乐填补了空间。胡赛因随后让维杰·马鲁（Vijay Marur）和我（我们为这场演出配音）在录音室将它录制下来，并制作成DVD供私人发行。也许这是一位画家和一位科学家之间前所未有的合作，证明了所有真正有创造力的人，无论是科学家还是画家，都懂得同一种语言——有创造力的语言。

旅程仍在继续，我们对于这本书的出版感到非常高兴。作为一个新领域的创造性尝试，错漏之处，在所难免，但我们期望这本书的积极方面足以弥补其中的缺陷。

禅黛娜·查克拉巴提
（Chandana Chakrabarti）

译者序

当我们步入科学殿堂，会发现学者们以坚定的步伐推动着人类文明的进步。普什帕·密特拉·巴尔加瓦博士正是其中一员。作为印度科学界的代表性人物之一，他为印度现代生物学和分子生物学奠定了基础。他还身兼数职，不仅是印度海得拉巴细胞和分子生物学中心的创始人兼主任，还是一位作家、思想家。他的丰富阅历使他能够从多维度、多视角为学界带来独特的观点和深刻的洞见。巴尔加瓦荣获了100多项国家、国际荣誉和奖项，包括印度莲花装勋章、法国荣誉军团勋章和印度全国公民奖等荣誉，出版了 5 本著作，撰写了超过 125 篇学术论文，此外，他还在多个领域撰写了 500 多篇文章，体现了他对知识的广泛探索和深厚底蕴。

禅黛娜·查克拉巴提女士作为一名科学家，同样在细胞和分子生物学中心的创立过程中发挥了重要作用，为机构的建立和发展提供了重要支持。查克拉巴提还是一位通信专家、演员、专栏作家和撰稿人。

现在，我们将巴尔加瓦博士与查克拉巴提女士合著的《科学与艺术：美的两面》翻译成中文，供读者参阅。本书由 Mapin 出版社于 2014 年在印度首发，之后在欧美、东南亚等地广泛发行。

自古以来，艺术家与科学家的身份便交织在一起，他们的探索拓展了人类的认知边界。上古时期的道士与炼金术士在对金属反应进行观察时，不经意间踏入化学领域的门槛，成为这一学科的早期探索者。文艺复兴时期是学科融合的黄金时期，许多富有才学之士跨越了传统的学科壁垒，将艺术与科学巧妙融合，成为跨领域的巨匠，例如，丢勒以其卓越的版刻技艺将艺术的美感与技术的精准相结合；达·芬奇对人体解剖结构的精细刻画与医学领域的探究不谋而合。这些成果不仅预示了艺术与科学的内在关联，更催生了后世生物艺术与装置艺术等新兴艺术形式。

在追求真理与美的道路上，科学与艺术从来都不是孤立的存在，而是相辅相成的，它们是促进人类文明进步的两大支柱。哥白尼、伽利略、爱因斯坦等科学家在探索宇宙奥秘、引领科学革命的同时，也展现了非凡的艺术素养与创造力，他们的科学成就直接引领了人类文明的飞跃，而他们对艺术的热忱投入更是彰显了科学与艺术之间的不可分割。

科学与艺术的交融为相关研究带来了颇多启发，本书中所探讨的斐波那契数列和莫比乌斯环的艺术之美、亚历山大·考尔德动态雕塑中的物理学、胡赛因光影秀的视觉探索，以及大野乾基因乐曲中对生命科学的艺术诠释等，都是科学方法与艺术灵感深度融合的产物。这些艺术家与科学家们通过独特的创意与精湛的技术，将深奥的科学原理转化为直观的艺术体验，引人深思。本书以严谨的论题形式深入剖析科学与艺术之间错综复杂而又引人入胜的联系。

本书探讨的八个关于科学和艺术的论题是作者基于长达六十年的细致观察、深入对话、广泛阅读、思想交流以及深刻思考的结晶。书中认为，科学和艺术都是对美的追求，也是人类创造力的体现。这两者紧密相连，共同源于对自然世界的深刻理解和欣赏。随着人类社会的不断进步和科学的飞速发展，艺术创作愈发趋向于自然，同时在表现形式上也变得更加抽象与深刻。

在论题一中，作者提出自然在各种分辨率下都具有内在美。自然界中，依据其固有规律演化而成的万物均蕴含着一种内在美，这种美体现在从肉眼所能辨识的最低分辨率之物，到电子显微镜、X射线等揭示的最高分辨率的事物之中。因而，作者在论题二中强调了自然具有内在美是因为自然现象无一不遵循着数学的精确性、物理学的动态平衡、化学的转化法则，以及生物学的进化逻辑，其中，数学作为基础科学，贯穿于其他自然科学之中。在论题三至论题五中，作者接着论述，自然界遵循我们生来就能识别的数学关系，这种认知赋予人类进化的优势。在自然界中，某些数学关系在本质上比其他关系更具支配性；在进化过程中，人类可能天生就能识别这些关系，并通过审美经验对其做出反应，对美的欣赏力已经融入了我们的基因，这为人类物种带来了进化上的优势。因而，在论题六中，基于前面五个论题的论述，作者认为人类从自然中得到灵感，人类的审美创造本质上是在创造美，其成功与否的关键在于作品是否遵循自然规律；在追求美的过程中，人类"澄怀味象"，有意识地理解自然之道。论题七扩而展之，得到一切形式创造都包括美的结论，创造力和美紧密交织于人类活动的各个层面。在方法论层面，所有创造性活动都需要具备"美"的要素（科学也不例外），并以此来促进其形式化的实现。进而，论题八指出科学家在直觉上偏向美，这意味着，优秀的科学家往往凭借直觉倾向于选择那些在美学上更为和谐的理论。

本书的核心观点是科学与艺术之间相互依赖，一起构成了创造力的基础。作者强调了在当代社会，我们既需要科学的严谨与理性，也需要艺术的想象与感性，并提出了一系列引人深思的观点。为了支撑这些观点，书中引用了数学、物理学、分子生物学等多领域的研究成果，同时结合音乐、美术和设计等领域的创作实践，对科学与艺术及其关系进行了剖析。

通过阅读本书，读者可以跟随作者的笔触，领略到螺旋星系、斐波那契数列、闪电中的分形等自然现象中所蕴含的美与智慧，同时也能欣赏到毕加索、埃舍尔、胡赛因等艺术大师的杰作，感受人类创造力的无限可能。本书中的插图和案例不仅丰富了所要表达的内容和阐释的观点，也为读者提供了直观的阅读体验。

原著自出版以来，就受到了广泛的关注和赞誉。它不仅深入剖析了科学与艺术领域的诸多问题，更以通俗易懂的方式向读者展示了两者的魅力和奥秘。在翻译《科学与艺术：美的两面》这本书的过程中，我们领略到了科学中的艺术性和艺术中的科学性之交融，这种交融正是本书的独特魅力。

同时，在翻译过程中我们也遇到了一些困难。在翻译过程中，我们需要不断地在科学、艺术两个领域的知识中切换，既要确保科学术语的准确，又要保持艺术描述的灵动。我们不仅要传达作者的观点，更要尽可能地保留原文的情感和韵味。这对我们来说既是一种尝试，也是一种挑战。

在翻译过程中还遇到了一些具体的翻译困难。例如，某些印度文化中的术语在中文中并没有直接对应的词语，我们需要寻找最贴切的表达方式。同时，书中引用的艺术作品也需要细读与理解，以确保翻译的准确性和生动性。总之，翻译《科学与艺术：美的两面》这本书是一次难忘的经历。

我们希望本书简体中文版的翻译能够准确地传达作者的思想，将巴尔加瓦博士和查克拉巴提女士的观点呈现给更多的读者，并能激发读者对科学与艺术的热爱和追求，进而启发大家在欣赏自然美的同时，也能不断探索和创新，为人类文明的进步贡献自己的力量。

在此，也要特别感谢为本书出版付出辛勤劳动的工作人员。我们也诚挚地希望广大读者能够积极提出宝贵意见和批评，以便我们不断改进，非常感谢对我们工作的帮助和鼓励。

2024 年 7 月

引　言

　　分类是将信息转化为知识的最重要途径之一，这是在人类历史之初就被发现的事实。最广泛、最常用的知识分类之一是科学与艺术之间的区别。如今，科学不仅包括"硬"科学，还包括社会和行为科学，如社会学、政治学、历史学和心理学。而艺术则包括绘画与雕塑等美术、歌唱与舞蹈等表演艺术以及视觉传达艺术、传统工艺美术和文学等。然而，遗憾的是，人们往往忽略了分类的目的只是出于方便考虑；在被分类的领域或对象之间划出不可逾越的界限可能会产生误导，因为这些领域或对象可能存在基于其他标准的联系。因此，在进行知识分类时应当谨慎对待，并意识到其局限性。

　　本书旨在表明科学与艺术之间确实存在关联性且相互依存，它们实质上就如一枚硬币的两面，是同一事物的两个方面。无论我们将其称为"创造力的硬币"还是"美的硬币",都是同一枚硬币,因为美与创造力是联系在一起的,美是所有创造力的标志。我们希望本书可以引发对科学与艺术之间关系的深入探讨,并开启新颖而令人兴奋的研究领域——能对迄今为止尚未探索的领域提供深刻而新颖的见解。

令人惊讶的是,迄今为止,在印度甚至在桑地尼克丹的国际大学(Visva-Bharati University at Santiniketan)或巴罗达大学(The Maharaja Sayajirao University of Baroda)等最早同时拥有美术与科学两个院系的机构,这样的研究工作都没有得到深入开展。

让我们从定义一些我们使用过的术语开始。

定 义

美（Beauty）

人们可以用多种方式来定义美。对我们来说,"美"的一个令人满意的定义是：美是一种愉悦的、令人内心满足的审美体验,源于各个部分之间以及它们与整体相互协调的状态。这种审美体验引发了人们内心深处的欣赏。这种欣赏是自然而然、发自本能的,没有秘而不宣的动机或目的；它让我们感到自己在知识和经验方面变得更加丰富,而无须获得那些可以明确表述或具体描述的特定信息或技能。因此,这种反应是抽象的,但它会给我们留下深刻的印象。

科学（Science）

科学是通过运用科学方法获得的知识体系,该方法包括提出问题、建立假设、进行实验和得出答案四个步骤。这种知识具有进化性、可证伪性、可验证性和可重复性；它具有普遍适用的特点，并能够进行可以被检验的预测。提问权是科学方法和科学的基础，尽管两者都不允许仅仅为了提问而提问；在使用科学方法时，在对现有知识提出问题之前，必须满足一定的标准。

创造力（Creativity）

创造力是一种能力，使个体能够产生以前从未有过且具有质的创新的作品或想法；它需要智力、环境和媒介的相互作用，所有这些都要以独特且前所未有的方式加以运用。

进化（Evolution）

我们在这里仅讨论遵循达尔文自然选择原则的生物进化。在这种进化之前，我们的星球（以及其他地方）还有化学进化。而在化学进化之前，宇宙中的天体演化导致了我们在太空中可感知的各种物体与结构的形成。天体物理学演化是物质演变的结果，这里我们指的是基本粒子和元素的形成。如果接受宇宙在 100 亿至 150 亿年前由大爆炸形成的理论，那么，这些基本粒子和元素一定是在大爆炸后不久（最初几分钟内）就已经产生。

自然（Nature）

我们认为，自然是物理、天体物理、化学、生物和社会演化的结果，这一过程包含了整个宇宙，并受物理学、化学和数学定律的支配。尽管从理论上讲，人类可以被认为与任何其他有生命或无生命的物体一样是自然的一部分，但在使用"自然"一词时，我们将排除人类干预产生的产品。这是因为人类是唯一一个获得特殊能力来改变（甚至摧毁）周遭事物的物种，而且其速度如此之快，以至于看起来人与自然之间发生了一场战斗。此外，人类自身的生存依赖于其利用自然规律的方式及程度，并正是这种理解赋予了人类这种力量（为方便起见，在英文原稿中我们使用"man"一词指代人类；但它不应被视为男性优越主义的标志）。

论　题

我们现在提出八条关于科学与艺术关系的论题。

●自然按照其内在规律所生成的事物本身具有内在美——从肉眼所能观察到的最低分辨率的物体到电子显微镜、X光射线或望远镜所能观察到的最高分辨率的物质都是如此。

●自然界中的一切现象都遵循数学、物理学、化学和生物学的规律。这四门科学之间存在层次关系，其中数学位于顶端，生物学位于底部；数学作为基础科学，贯穿其他自然科学之中。因此，数学可以被视为自然界所产生及其中所发现的一切物质的"生命力"。

●在自然界中，某些数学关系在本质上比其他关系更具支配性，因此，它们会反复出现，且常常出现在看似不相关的领域中。

●在进化过程中，我们可能天生就能识别这些关系，并通过审美经验对其做出反应。因此，对美的欣赏已经融入了我们的基因，这意味着对某些特定模式和关系进行直观识别后，我们会将其认定为美。

●对美的欣赏很可能是我们基因中固有的一部分，这肯定为人类物种带来了进化上的优势，因为似乎只有人类才能获得作为所有艺术基础的审美体验。

●人类在进行创造时，本质上是在创造美。他的成功取决于他所创造的事物与自然界存在事物的相似性及符合某些自然规律的程度。因此，在人类对于美的永恒追求中，他有时有意识、有时无意识地在自然界中寻找相似之处。

●创造力和美在人类所有活动中都有着紧密的联系，包括科学活动。这表明，在方法论上，所有创造性活动都必须有共同的元素来实现形式化。

●假设有两种理论可供选择，一个好的科学家会凭直觉选择在美学上更令人满意的理论。

现在，我们将逐一呈现支持我们上述论点的证据。

论题一

自然在各种分辨率下都具有内在美

NATURE IS INHERENTLY BEAUTIFUL AT

ALL LEVELS OF RESOLUTION

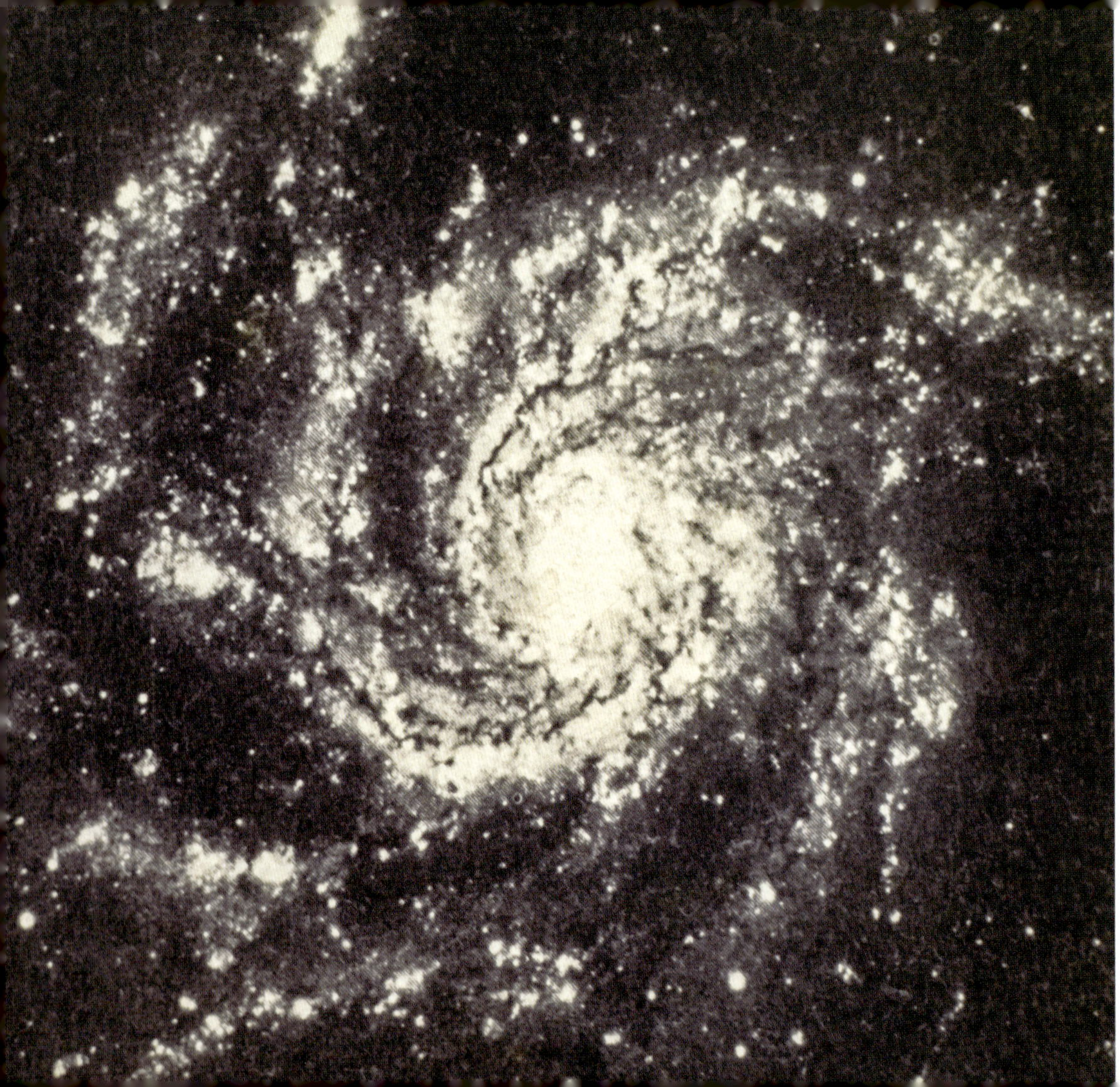

图 1 螺旋星系

我们对自然生成的图案有直观的美感反应，无论其尺寸大小。这些图案可能是一个直径数万亿英里（1英里=1609.34米）的星系（图1），或是只有几厘米或几米长的花、蜂窝、蜘蛛网（图2、3、4），又或者是蚂蚁的复眼与玫瑰香腺，它们非常微小，只有在低倍率（约700倍）下运用高分辨率的扫描式电子显微镜（scanning electron microscope，以下简称 SEM）下才能看到它们（图5、6）；甚至通过 SEM 观察哺乳动物雌猫生殖系统内部时，其形态看起来就像一个花园（如图7所示）。所有这些都被大多数人视为美丽的。

因此，大自然对秩序和美的不懈追求使其在人眼看不见的微观空间中与在宏观空间中产生一样丰富的美。

图2 花

照片由B.纳吉什瓦拉·拉奥（B Nageshwara Rao）拍摄。

图3 蜂窝照片由B.纳吉什瓦拉·拉奥拍摄。

图4 蜘蛛网
照片由B.纳吉什瓦拉·拉奥拍摄。

图5 放大了几百倍的蚂蚁复眼的扫描电子显微图像
照片由 P. D. 古普塔（P. D. Gupta）拍摄。

图6 放大了几百倍的玫瑰香腺的扫描电子显微图像
照片由P.D.古普塔拍摄。

图7 雌猫生殖系统的扫描电子显微图像
来源未知。

图 8a 月球表面景象
来自剑桥行星摄影图集。

图 8b 人肺成纤维细胞胞质膜的冷冻断裂电子显微图像
照片由 P. D. 古普塔拍摄。

进而，人们期望类似的图案在自然界中发现的极大和极小的物体中重复出现。事实上，情况确实如此。因此，我们可以将图 8a 中的月球表面与图 8b 中人类肺纤维母细胞膜的冷冻断裂电子显微照片进行比较，前者覆盖了数百公里的距离，而后者仅涵盖了几百埃（1 埃 = 10^{-10} 米）的范围（这显示自然界中非常大和非常小物体之间存在着相似的模式重复）。

论题二

自然符合科学规律

NATURE FOLLOWS LAWS OF SCIENCE

那么，是什么让那些观赏大自然的人心中产生如此多的美呢？是秩序。大自然在时间画布上描绘的美与人类创造的美有什么共同之处呢？共同之处仍然是秩序。自然通过遵循我们所说的"自然法则"，如物理、化学和数学的科学定律来创造秩序。美源于简单而普遍的科学定律，正如科学定律源于美一样。我们对科学定律的感知和认识只是我们感知美的能力的表现。这正是美和科学之间的最根本关系：它们是一枚硬币的两面——是自然界两种相互关联、相互依存的表现形式。

我们在上文中已经提到，人们凭直觉识别的图式具有美感。这些图式遵循数学定律。

我们再看一个例子。可见光谱，例如彩虹或棱镜折射产生的光谱，由不同波长（或频率）的光组成。在逐渐增加的波长范围内，从红色到橙色、黄色、绿色、蓝色、靛蓝，再到紫色。这是大自然最美丽的图式之一，也是我们感知颜色由暖及冷的顺序。红色和黄色被普遍认定为暖色，而蓝色和紫色则被认为是冷色。蜜蜂以同样顺序将温度与花朵颜色联系在一起。[1] 色彩构成中的和谐与不和谐的观念——至少在一定程度上——基于颜色在可见光谱中的相对位置。

论题三、四、五

自然界喜爱数学关系，而且我们与生俱来就能够识别，
这种认知赋予人类进化的优势

NATURE LOVES CERTAIN MATHEMATICAL RELATIONSHIPS THAT WE ARE GENETICALLY PROGRAMMED TO RECOGNIZE, SUCH RECOGNITION GIVING US AN EVOLUTIONARY ADVANTAGE

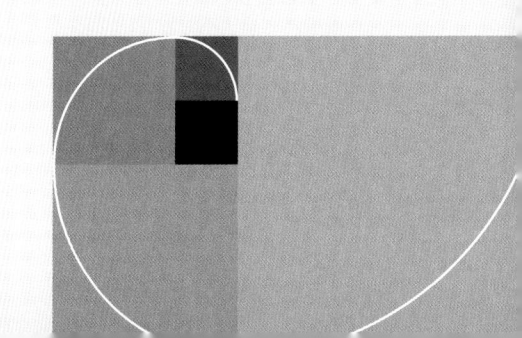

我们在自然界中看到的所有形式和结构——无论是有生命的还是无生命的，从岩石到人——都是科学定律作用的结果，而这些科学定律最终的表达语言是数学。在自然界和人造环境中，有许多美的事物遵循着特定的数学规则。

以植物世界之美为例，它一直是传统美学的重要组成部分。如果你从底部开始计算植株或树木连续枝条上的叶子数量，你得到的数字很可能不是随机的。它们会形成一个序列，即斐波那契数列。在这样的数列中，下一个数字总是前面两个数字之和，如：0、1、1、2、3、5、8、13、21、34、55 等（图9）。松果或菠萝上的螺纹排列也遵循斐波那契数列的顺序，花朵的花瓣数量也是如此。因此，百合花有3片花瓣，毛茛有5片，翠雀有8片，金盏花有13片，紫苑花有21片，雏菊有34、55或89片花瓣。在一朵巨大的向日葵中，它的种子分布在两个相交的螺旋族群，一个顺时针旋转，另一个逆时针旋转；每组螺旋数是 34 和 55，或者 55 和 89，又或是 89 和 144——这些都是斐波那契数。同样，松果上顺时针与逆时针螺旋的数量也是相邻的斐波那契数。

斐波那契数在动物世界中也普遍存在。例如，海星有 5 个角，章鱼有 8 条触手——这两者都是斐波那契数。

斐波那契数是如何在生物体中产生的呢？2002 年，一位在海外工作的印度科学家阿马尔·克拉尔（Amar Klar）为这个问题提供了一个令人着迷的可能答案。[2] 如果让一个细胞分裂并产生两个细胞，两个子细胞同时分裂产

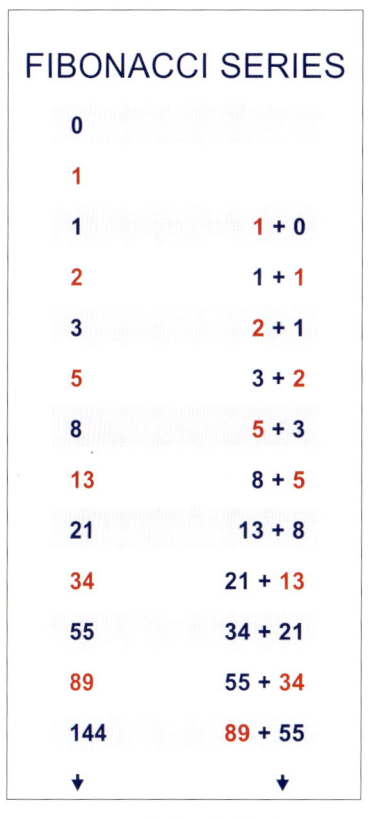

FIBONACCI SERIES	
0	
1	
1	1 + 0
2	1 + 1
3	2 + 1
5	3 + 2
8	5 + 3
13	8 + 5
21	13 + 8
34	21 + 13
55	34 + 21
89	55 + 34
144	89 + 55
↓	↓

图 9　斐波那契数列

49

生四个细胞,然后同样地产生八个细胞,以此类推,在任何给定时间点上,细胞群中的细胞数量将是指数序列中的一个数字:1、2、4、8、16、32、64、128 等。然而,如果最初一个细胞的两个子细胞不是同时分裂,而是在时间维度上不对称分裂,那么,细胞数量将符合斐波那契数列(图10)!

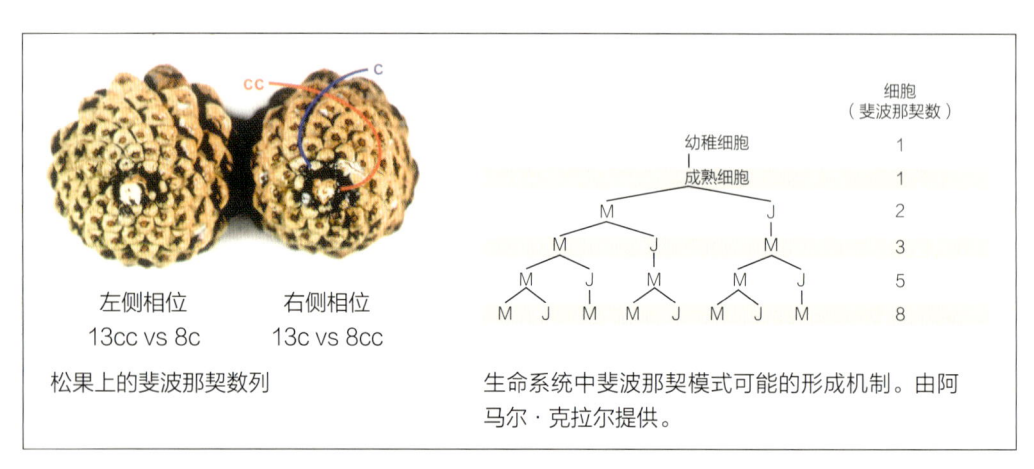

图 10 松果上顺时针螺旋和逆时针螺旋数量是斐波那契数列中的相邻数字

同样，我们在蝴蝶翅膀、昆虫表皮或蜘蛛网上所观察到的图案都遵循着一种明确的数学逻辑。在我们周遭看似混乱的环境中，存在着如此多的秩序，这难道不令人难以置信吗？显然，自然界存在数学规律。

现在我们来谈谈最神奇的数字之一：1.618，这是一个被许多古代文化独立发现的黄金比例。两边长度比为 1.618 的矩形被称为黄金矩形。在古代和中世纪的许多文化和文明中，许多建筑都采用了这种黄金矩形来构建。

帕特农神庙就是一个例子，它是世界上最美丽的建筑之一，是前基督教时代希腊人在雅典著名的卫城建造的（图 11）。黄金比例的一些性质如图 12 所示。黄金比例的一个有趣结果如图 13 所示，其中 ABCD 是一个黄金矩形。如果你从这个矩形中取出正方形 ABEF，剩下的矩形 ECDF 也是一个黄金矩形。如果你继续这样做，如图所示，连接正方形的顶点，你就会得到一个对数螺线。这是许多星系的形状，其中一个星系如图 13 所示；这是藤蔓和匍匐植物末端的形状，也是人们在贝壳上发现的螺旋形状！

此外，斐波那契数列中任意两个连续数字，相邻数字的比值在数字变大时趋近于 1.618。列奥纳多·达·芬奇（Leonardo da Vinci）指出，在正常人身上，从头到脚趾的高度与肚脐到脚趾的距离之比是 1.618——正是黄金比例。而许多年前，著名科学期刊《自然》（Nature）上刊登的一篇论文研究表明 DNA（脱氧核糖核酸，遗传物质）的结构中存在几个黄金比例！

图 11　雅典卫城的帕特农神庙

$$\frac{1}{1.618} = 0.618\,(\Phi)$$

$$\frac{\sqrt{5}+1}{2} = 1.618$$

$$\frac{\sqrt{5}-1}{2} = 0.618$$

∴ 数列1，φ1，φ2，φ3，φ4……
既具有可加性又具有可乘性。

$$\frac{b}{a} = 1.618$$

$$\frac{a+b}{b} = 1.618$$

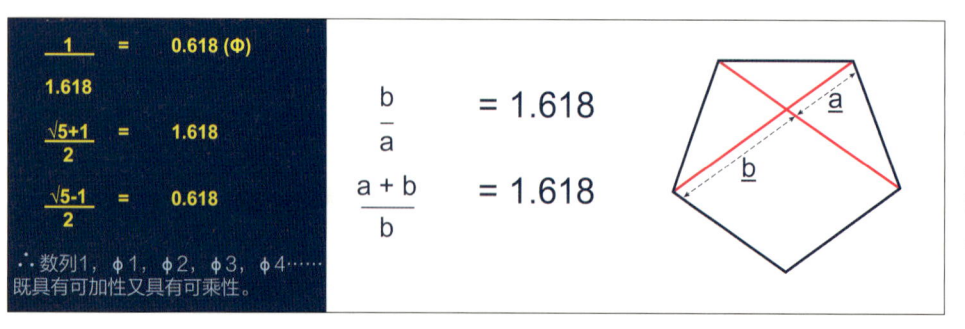

图 12　黄金比例的一些性质
1.618 是唯一满足这些特性的数字，连接五边形任意三个相邻顶点所得到的线段 a 和 b，满足 b/a=1.618 和（a+b）/b=1.618，即为黄金分割。黄金分割在古代和现代艺术设计中都发挥了重要作用。

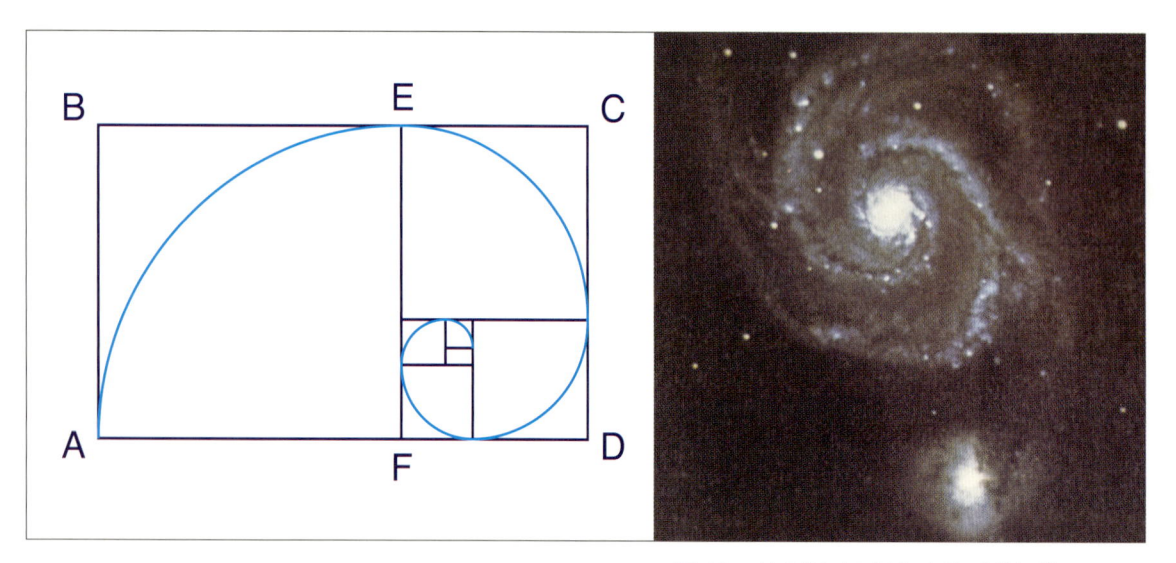

图 13　黄金矩形及其衍生的对数螺线

还有其他有趣的排列方式。有五种且只有五种可能的规则立体图形，它们是具有四条相同边的四面体、具有六条相同边的六面体、具有八条相同边的八面体、具有十二条相同边的十二面体和具有二十条相同边的二十面体。美国著名画家莫顿·布拉德利（Morton Bradley）仅用这些规则的立体图形就创作了令人惊叹的多种画作，这些画作几乎能直击人心（图14）。规则的多面体中包含着黄金比例。

事实上，自古以来人们就认识到某些图式具有有趣的特性。例如，公元1世纪的罗马建筑家维特鲁威（Vitruvius）说：

"为了使一个由不同部分组成的整体看起来美观，小部分和大部分之间的比例，以及大部分和整体之间的比例必须相同。"

他实际上是在描述黄金比例 [为了解释清楚，请参见图12，其中B/A与（A+B）/B具有相同的值，即黄金比例；同样，它们的倒数也符合维特鲁威所指的情况]。

图 14　美国画家莫顿·布拉德利（Morton Bradley）的一组画作

转载自 Span。

大自然喜欢的另一种数学形式是分形,它在 20 世纪重新引起了人们的兴趣。分形是一种结构,其中子部分与整体看起来相同,子部分的一部分与子部分看起来相同,以此类推。因此,树木具有分形结构。如果你在培养皿上培育一个趋化细菌群落,你可能会得到一个分形结构。神经系统、动脉树、活细胞膜、珊瑚、肿瘤病理、DNA 和菩提树的静脉都具有分形结构。图 15 至图 23 展示了人脑、肾脏、血管、肺、心脏,常见细菌大肠埃希氏菌的 DNA,花椰菜,湖岸线的分形结构,基于一组复数的计算机生成的曼德博分形,闪电的分形结构。

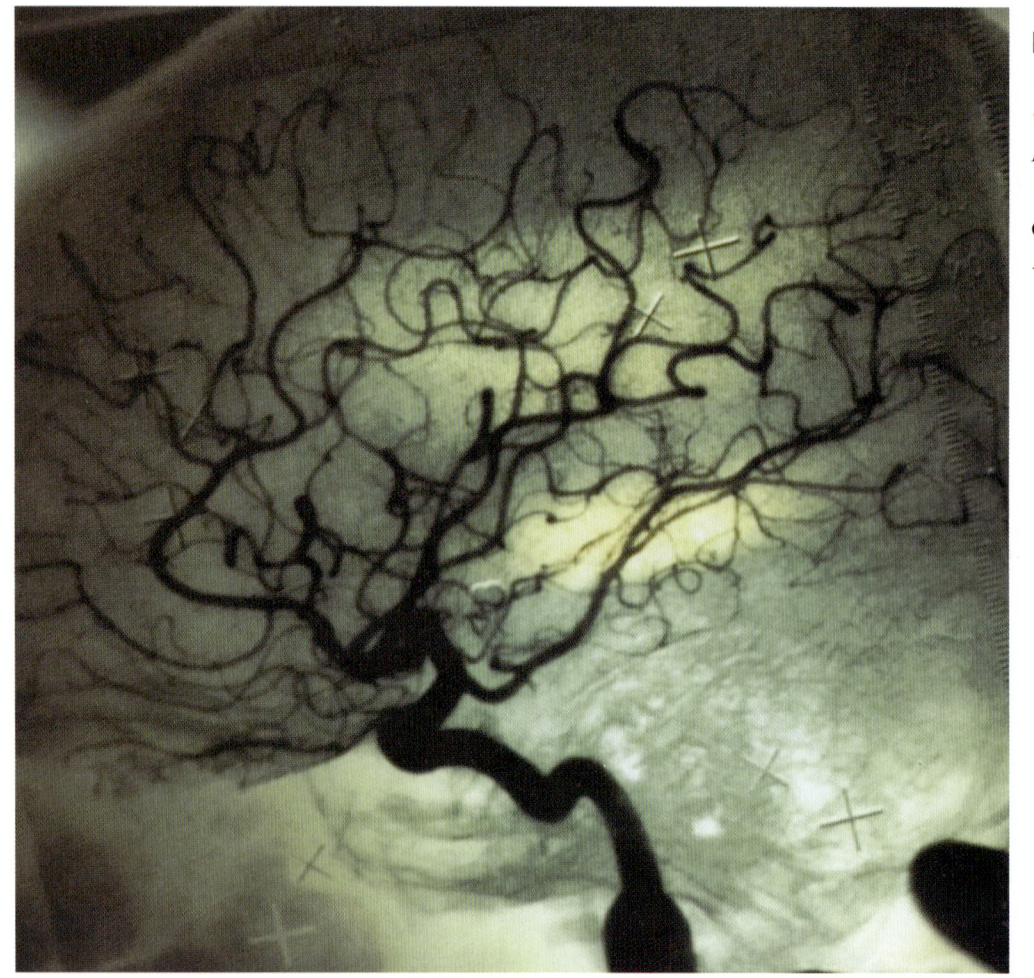

图 15 人类大脑
引自《探索人体：不可思议的旅程》(Incredible Voyage Exploring the Human Body)，国家地理学会（National Geographical Society）2000年版，第 78 页。

图 16 儿童肾脏、静脉和动脉系统的铸模

曼弗雷德·卡奇（Manfred Kage），科学摄影研究所（Institut fürwissenschaftliche Fotografie）。引自佩特根（Peitgen）、于尔根斯（Jurgens）和绍柏（Saupe）：《混沌与分形》（*Chaos and Fractals*），施普林格出版社（Springer Verlag）1992年版，第176页。

图 17 人类肺部的 X 光片，显示了为其工作的复杂血管结构 引自《世界中的世界》(*Worlds Within Worlds*)，克拉欧斯出版有限公司（Clanose Publications Ltd.）1977 年版，第 87 页。

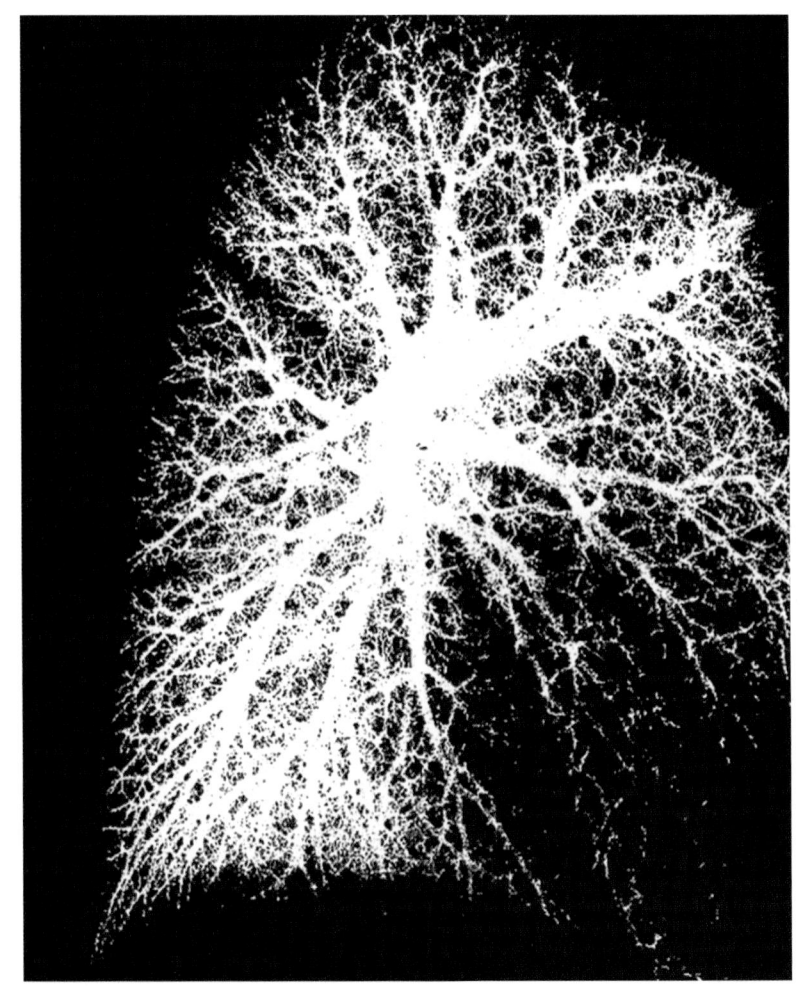

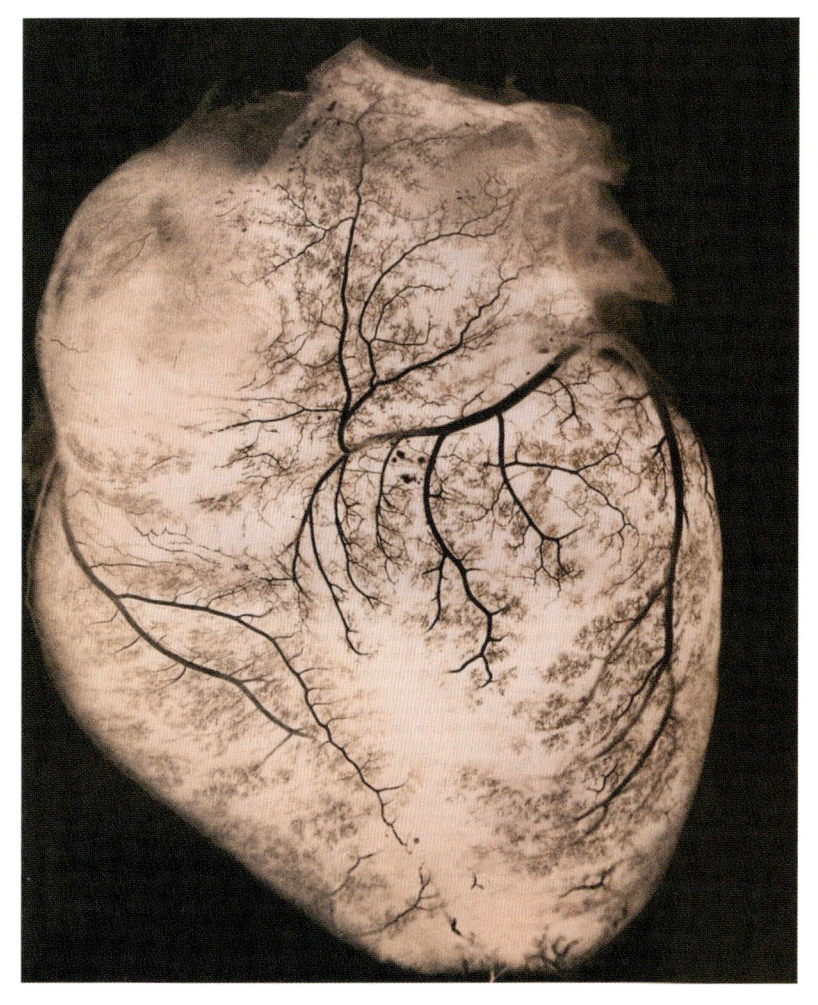

图 18　人的心脏
引自《探索人体：不可思议的旅程》(*Incredible Voyage Exploring the Human Body*)，国家地理学会（National Geographic Society）2000 年版，第 74 页。

图 19 1983 年由露丝·瑞文奥夫（Ruth Ravenoff）和布里安·鲍恩（Brian Bowen）使用透射电子显微镜拍摄的一张照片，照片中为纯化处理后肠道细菌大肠埃希氏菌基因组中的一个 DNA 分子。该 DNA 被放大了 15 000 倍

引自科廷·萨普利（Curt Suplee）：《20 世纪物理学》(*Physics in the Twentieth Century*) 1999 年版，第 29 页，哈利·阿巴拉姆，纽约，"蓝基因 31" © 1983, 设计师基因海报有限公司 (Harry Abrams, NY, "Bluegene 31" © 1983, Designer Genes Posters Ltd.)。

图 20 花椰菜

图 21　当空间站在埃及上空飞行时，拍摄到的闪闪发光的纳赛尔湖的湖岸线
图片来源：NASA.www.nasa.gov/vision/space/livinginspace/chiao_photo_prt.htm。

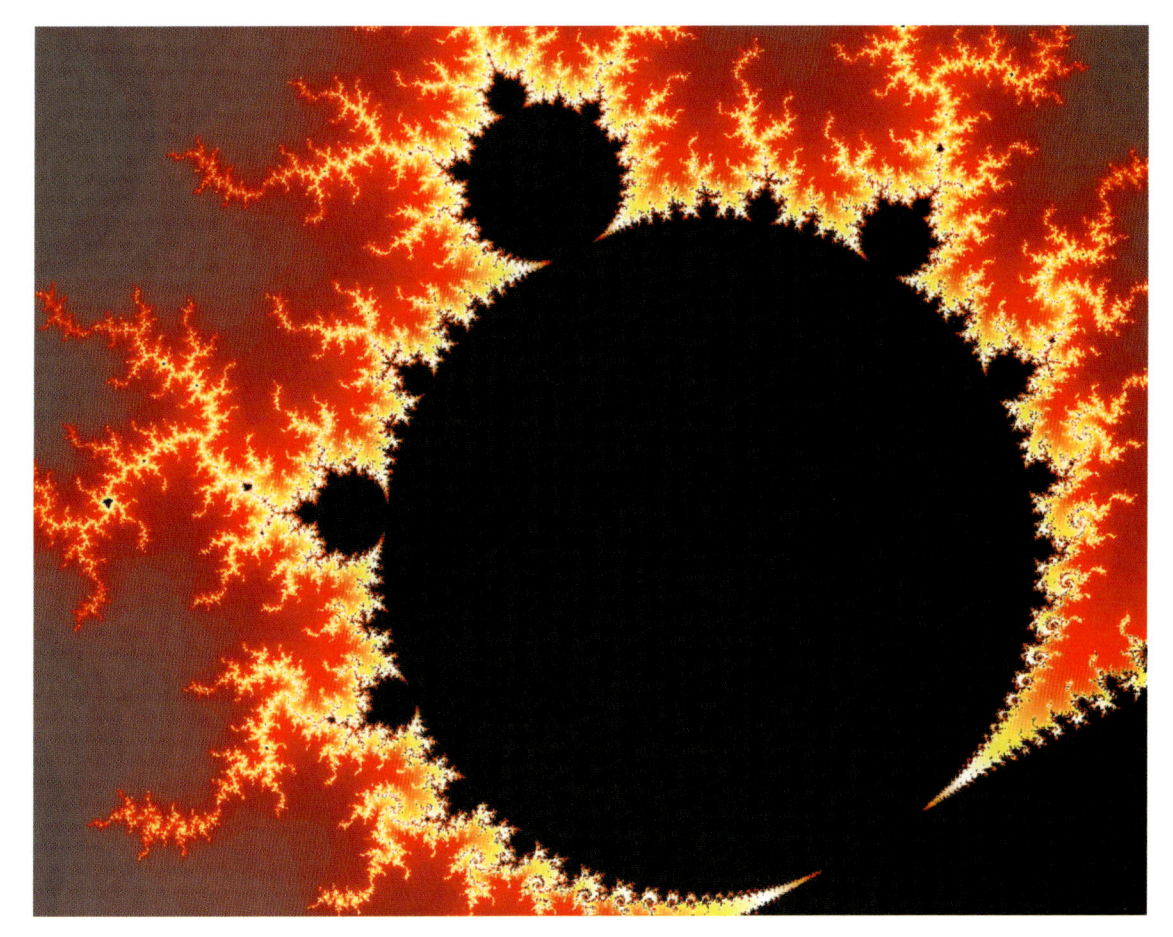

图 22 基于一组复数的计算机生成的曼德博分形

图 23 闪电中的分形

19世纪法国作家居斯塔夫·福楼拜（Gustave Flaubert）说：

数字法则支配着情感与形象；我们认为由外在推动的一切，其实都已存在。

拓扑学在审美欣赏中的另一个有趣例子，是德国数学家奥古斯特·费迪南德·莫比乌斯（August Ferdinand Mobius）于1858年发现的莫比乌斯带。如果你将一张纸带的两端黏合起来，会得到一个两面的圆环。这就意味着，如果你在其中一面用铅笔画线时，最终会回到起点，但另一面并没有画线的痕迹。然而，若扭转纸带，再进行黏合，你可以不用拆开纸带，就能用铅笔画到原始纸带的两侧（图24）。事实上，这就是莫比乌斯带——它只有一个表面！莫比乌斯带具有许多非常有趣的特性，人们可以很便捷地做出相关实验。20世纪后

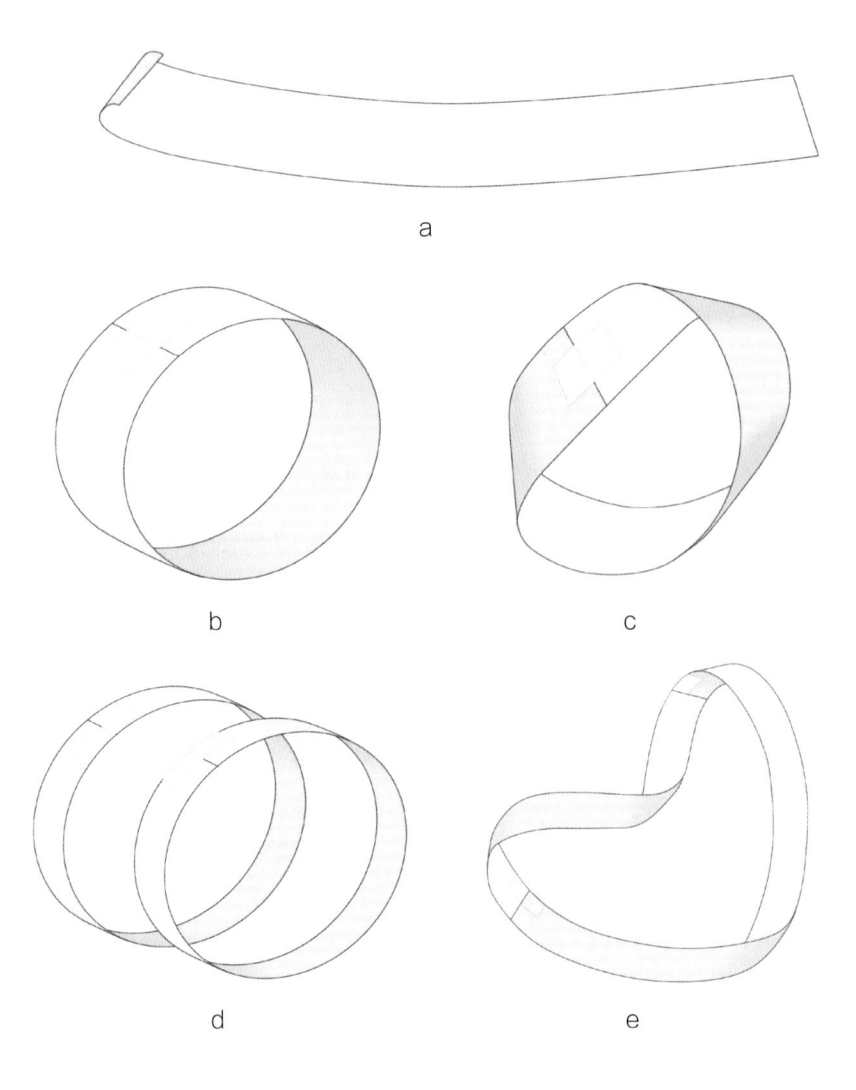

图24 莫比乌斯带（The Mobius strip）
a 一张纸带；
b 将纸带两端相连；
c 将纸带两端扭转一圈后相连，成为莫比乌斯带；
d b中纸带的横截面；
e c中莫比乌斯带的横截面。

半叶，马克斯·比尔（Max Bill）基于莫比乌斯带创作了一幅名为《无尽的丝带》(the Endless Ribbon)的艺术作品，并将其在巴黎蓬皮杜艺术中心展示。

让我们再举一个例子：音乐与DNA（脱氧核糖核酸，即遗传物质）。音乐是由一系列音符排列在一起，以一种我们听起来和谐悦耳的方式演奏的。DNA则是由四种构建块组成的序列——用A、G、C和T这些小化学单元表示——这些构建块像项链一样连接在一起，以形成生物学意义（DNA是遗传物质，基因是由DNA组成的）。决定蛋白质和某些核糖核酸（RNA）结构的代码存在于被称为四个核苷酸的四种构建块序列中，这些蛋白质和核糖核酸共同执行生物体的大部分功能。正如处于音乐序列中的错误音符可以被优秀的音乐家识别为不和谐与不悦耳的因素一样，DNA序列中的一个核苷酸被另一个核苷酸取代可能导致蛋白质或RNA无法发挥其关键功能并致使细胞死亡或严重故障，从而导致生物体的死亡或严重功能障碍。同样，就像音乐允许在不损失旋律或和声的情况下进行某些序列的替换或变化，在 DNA 中某些核苷酸的替换也不会产生有害的影响。看来 DNA 和音乐似乎都具有分形结构（如前所述，分形是指部分与整体相似、子部分与部分相似等结构，相似规则保持不变）。在 DNA 方面，这一结论已被来自加尔各答的奇特拉·杜塔（Chitra Dutta）和乔蒂莫伊·达斯（Jyotirmoy Das）证实；[3] 而在音乐方面，尚未得到证实。如果音乐也是如此，我们可能拥有一种新的方法来预测特定的音乐是否有可能给我们带来令人满意的审美体验。生物学家已经在努力找出控制 DNA 序列的精确规则，使其具有分形结构。

  人们不禁会问：音乐语言和 DNA 语言之间是否存在相似之处？如果我们知道这两种语言编码之间对应关系的规则，就可以将一种语言转录成另一种语言，如同我们可以将不同语言编码信息互相转换一般。

确实有迹象表明情况就是这样。美国著名遗传学家大野乾（Susumu Ohno）曾展示过，如果我们接受 DNA 的四种基本构建块 A、T、G 和 C 与西方音阶的四个音符之间的某种一一对应关系，我们就可以将 DNA 的语言转换为音乐的语言。[4, 5] 在 DNA 有意义之处——即编码功能蛋白——经过适当的转述后得到的音符序列将是美妙的音乐，而不是刺耳的噪声。编码一种组蛋白（一种蛋白质）DNA 部分所生成的乐谱如图 25 所示。如果听音乐家演奏这本乐谱，会发现它几乎和大师作品一样令人愉悦。我们在国际科学会议上播放了"DNA 音乐"的录音；观众十分震惊。

2007 年，加州大学洛杉矶分校的高桥（R. Takahashi）和米勒（J. Miller）也进行了类似的研究，即对胸苷酸合成酶关键酶的研究。[6] 还对音乐和弦的几何结构进行了研究。[7]

由此可见，任何形式的审美都有遗传基础。

图 25 小鼠 H1 组蛋白变体 -1 生成的乐谱（一首肽回文的赞歌）
图片由大野乾提供。

为了进一步阐述这一观点，让我们看看人类大脑（图 26）是如何对视觉艺术做出反应的。我们如今已经知道，通过视觉系统欣赏艺术是模块化的过程。在我们的大脑中，有不同的细胞群对颜色、形状、动作、面孔、面部表情和肢体语言做出反应。我们大脑中可能有一些细胞对质地也有不同的反应。因此，动态艺术、某些主要由线条构成的现代艺术以及肖像画，可能会激活我们大脑特定区域的神经元群。

例如，我们的大脑视觉皮层中存在一些细胞只对特定方向的线条做出反应；同样，也有针对颜色的反应（图 27b）。在对特定方向线条反应的情况下，允许偏离原始方向 30 度。这种反应发生在大脑的 V1 和 V2 区域（图 26）。大脑的 V5 区域（图 26）与运动有关，可以对亚历山大·考尔德（Alexander Calder）首次作为艺术品创作的动态雕塑做出反应（图 28）。图 29 是勒维安特（Isia Leviant）创作的名为"谜"（*Enigma*）的作品。如果你把注意力完全集中在这件美丽的作品上，你很可能会看到其中的运动——除非你在这方面有基因问题！

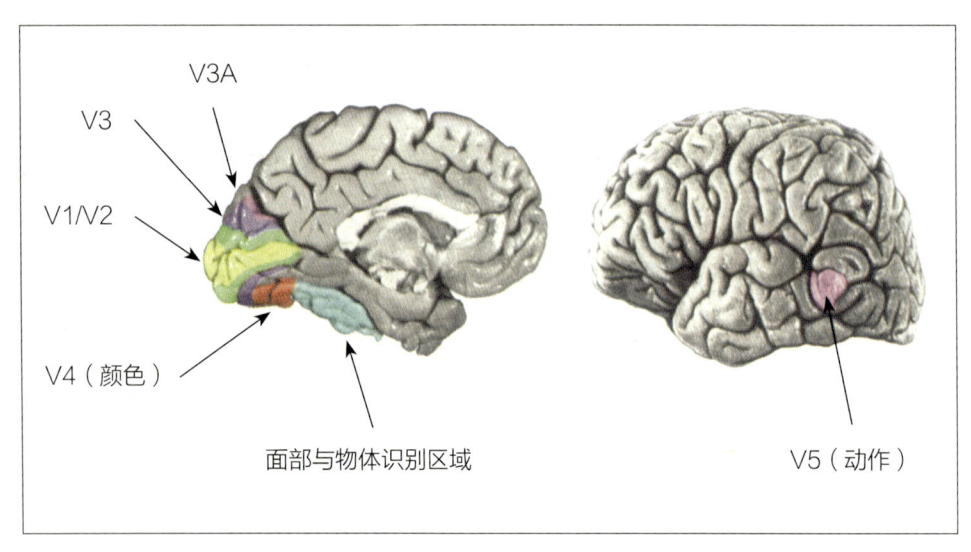

图中标注：
- V3A
- V3
- V1/V2
- V4（颜色）
- 面部与物体识别区域
- V5（动作）

图 26　人脑示意图
引自萨米尔·泽基（Semir Zeki）：《内在视觉：艺术与大脑的阐释》（*Inner Vision: An Explanation of Art and the Brain*），牛津大学出版社 1999 年版，第 16 页。

图 27b　大脑对颜色的反应
通过电信号的振幅和频率来显示反应。引自萨米尔·泽基：《内在视觉：艺术与大脑的阐释》，牛津大学出版社 1999 年版，第 101—102 页。

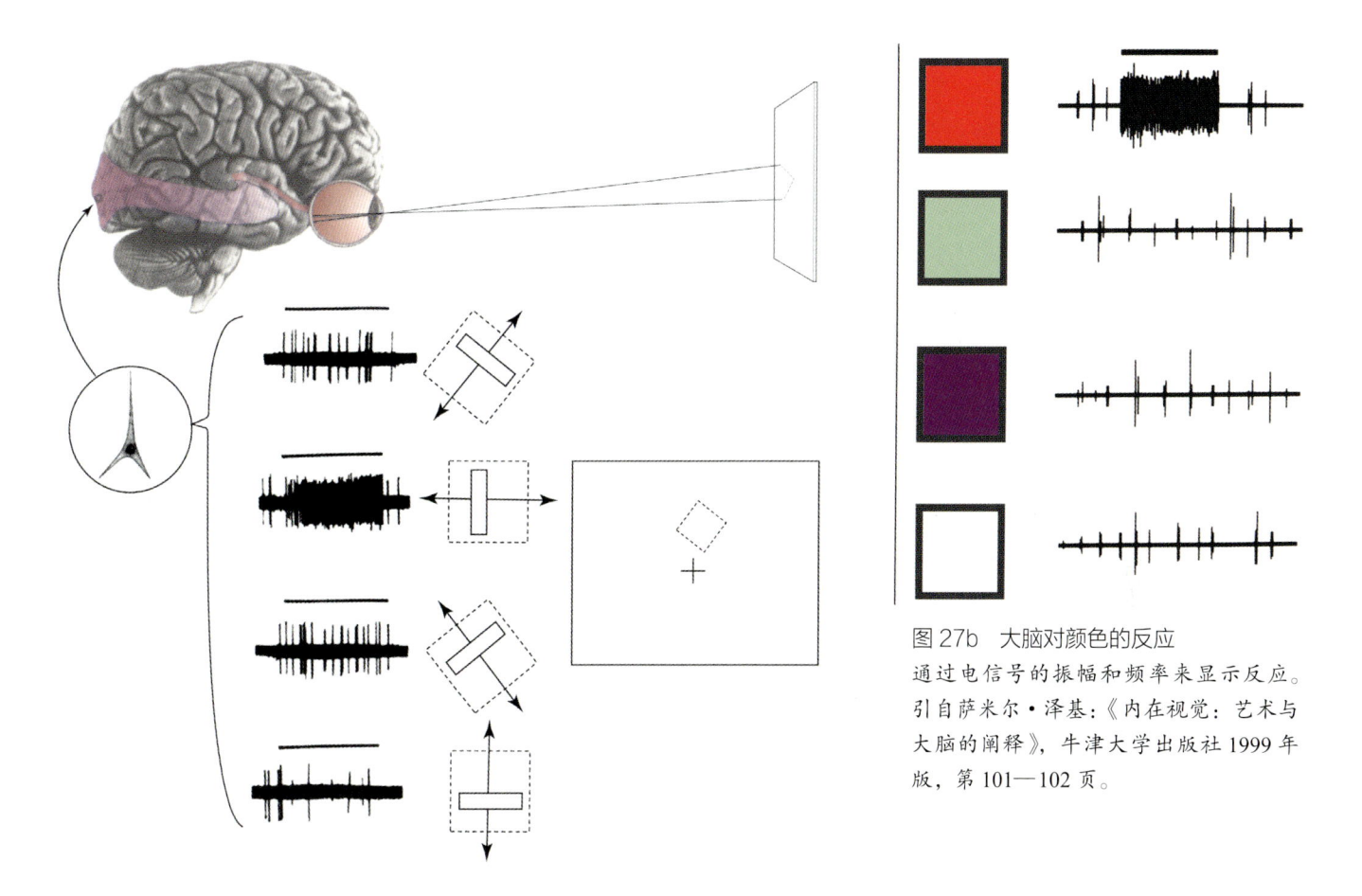

图 27a　大脑对线条的反应

图 28 白色动态雕塑
亚历山大·考尔德创作的动态雕塑,他是这种动态雕塑的发明者。© ADAGE, Paris, and DACS, London(1999)。

图29 以赛亚·勒维安特作品《谜》
运动的幻觉,法国"探索宫"（Palais de la Découverte）。

关于对颜色的生理反应，让我们再次引用泽基的话：

大约五百年前，列奥纳多·达·芬奇写到，在所有的颜色中，最令人愉悦的是构成对立的颜色。[8]他在不经意间说出了一个生理学上的原理。而这个原理直到大约40年前，才通过对立（现象）的发现而在生理学上得到验证，[9]其中绿色抑制被红色激发的视觉系统细胞，蓝色抑制被黄色激发的细胞，黑色抑制被白色激发的细胞，反之亦然。同样，米歇尔·谢弗勒尔（Michel Chevreul）[10]在19世纪写过一篇关于颜色如何受到环境影响的文章，将伟大画家几个世纪以来的所知表达了出来。但直到最近几年，生理学家才找到这种效应的根源，即大脑中负责颜色感知的细胞可以根据它们偏好颜色的反色做出调整。康斯特布尔（Constable），一位18世纪末期英国著名画家曾说过，绘画"是一门科学，应被视为对自然规律的探索"。

另一个需要强调的重要观点是,欣赏美需要先前的经验和对存储在大脑中知识的回忆。在我们能够直观地欣赏美之前,对这些知识的理解必须达到一定的水平。这就是为什么教育和环境在培养审美能力方面发挥着如此重要的作用。接下来让我们举个例子来说明这里提到的经验作用。

当对那些天生失明但现已年满 14 到 15 岁的人进行手术以恢复视力时,结果往往令人失望。一位 14 岁的患者感叹道:"为什么我觉得自己比以前更不开心了?我看到的一切都让我感到不舒服。"法国外科医生莫罗(Moreau)在 20 世纪上半叶写道:

认为那些通过手术恢复视力的患者从此以后能看到外部世界,这是一种错误的想法。眼睛确实获得了视力,但运用这种能力……仍然需要从头开始学习。手术本身的价值与为眼睛准备看东西的价值相当;

教育仍是最重要的因素。(视觉大脑皮层)只有在学习过程中才能记录和保存视觉印象……恢复先天失明患者的视力,与其说是外科医生的工作,不如说是教育家的工作。

这种失明病例的症结在于,患者视力虽然恢复了,但他们却没有先前的视觉经验。而这种经验无法在短时间内获得。这些经验随着时间推移逐渐被积累,就像从婴儿成长为儿童再成长为成人的过程一样。因此,欣赏艺术也需要经验和知识,这并不奇怪。最好的经验应该是从一开始就接触艺术,通过教育巩固对艺术的直观理解,并获得各种领域的知识。艺术与科学一样,涉及人类活动的各个方面。

现在让我们谈谈音乐。2001年,《英国皇家学会会刊》(Proceedings of The Royal Society)和《科学》(Science)刊发了两篇非常有趣的论文[11,12],论文提出了以下三点:

● 我们的大脑对音乐和噪音的反应不同。

● 大脑对音乐的反应具有普遍性。换言之，无论是什么乐曲，只要是音乐而不是噪音，同一组神经元都会被激活。

● 人类有一种根深蒂固的、内在的（因此是由基因决定的）欲望，想要创造、表演和聆听音乐。有证据表明类似于今天录音机的史前长笛是存在的。

在 2003 年《自然神经科学》(Nature Neuroscience) 杂志上的一篇综述文章 [13] 中，佩雷茨（I. Peretz）和寇海特（M. Coltheart）讨论了我们大脑中音乐处理的模块化问题。这些有趣的发现，被总结在图 30 中。

现在，关键的问题是：这种内在的审美能力赋予了人类什么优势呢？

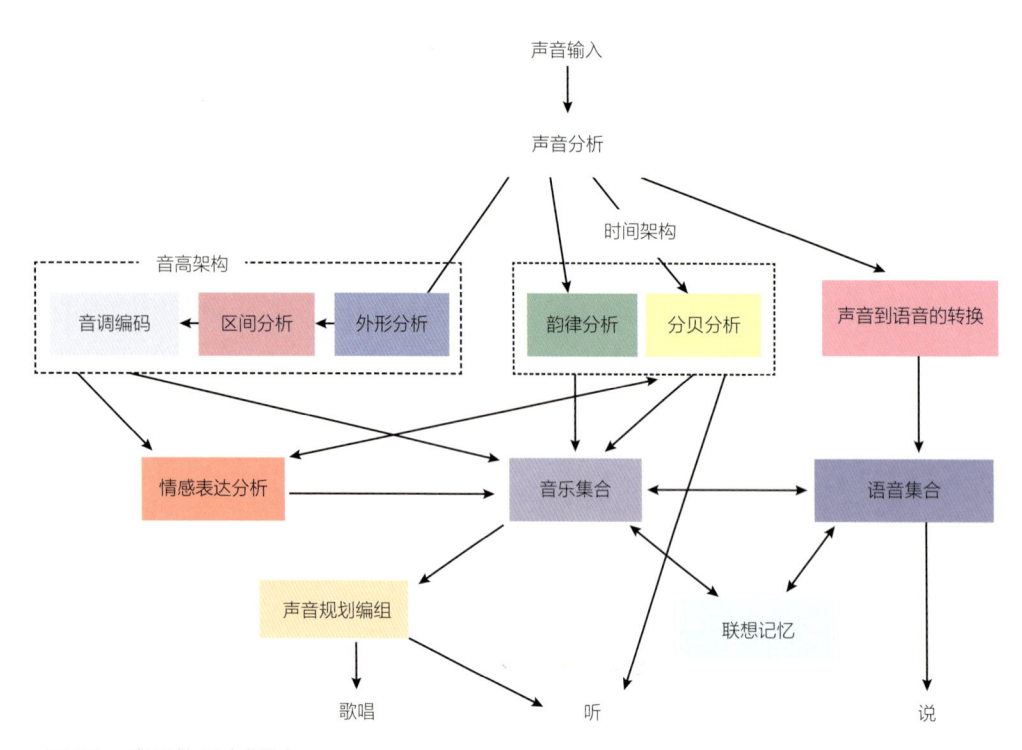

图 30 音乐的反应机制

引自 I. 佩雷茨和 M. 寇海特：《音乐处理的模块性》（*Modularity of music processing*），《自然神经科学》（*Nature Neuroscience*）2003 年，第 688—691 页。

吸引力（美的一种表现形式）具有一种回馈机制的特点。[14] 人们普遍认为，美的艺术品令人愉悦，好的音乐或文学作品在缓解痛苦方面发挥了作用。

我们还大胆假设，审美欣赏及从中获得的愉悦可能使我们更加敏感于环境，并更加珍视诸如诚实、正直、公平和勇气等价值观。换言之，积累审美经验的能力和对人类基本价值观的认同是相互关联的。

这些观点至少有三个事实作为支撑：

● 埃克塞特大学（University of Exeter）心理学家艾伦·斯莱特（Alan Slater）于 2006 年 9 月证明，新生儿（出生 2 至 5 天）会被美丽的面孔所吸引。[15] 据《英国皇家学会学报》2004 年报道，[16] 在一次采访中，即使是最公正的男性也倾向于对女性的美丽格外关注。

● 孩子们的作品几乎总是很美；事实上，自闭症儿童似乎在绘画等创造性活动中表现得尤为出色。孩子们似乎天生就有一种审美感，而这种审美感在成长过程中逐渐消失。这是因为社会环境受到了市场力量的支配，并遵循着相反的价值观。因此，那些天生诚实、真诚的孩子长大后会变得虚伪自私，同时对美也变得麻木。

● 美和审美几乎存在于世界所有地方的乡村和民间传统中。我国的每个乡村社区都有创作音乐、舞蹈和手工艺品的传统。村民们从事这些活动完全是出于乐趣；从创造美的角度来看，这些创造性活动是杰出的，并且自古以来就是我们农村生活不可或缺的一部分。以印度蓝果丽（rangoli）（图 31）和马德胡巴尼绘画（Madhubani paintings）（图 32）传统为例。后者现在价格很高，但最初并没有出售的意愿，比哈尔邦村庄的妇女只是为了满足自己的审美需求而创作。

图 31 蓝果丽（rangoli）

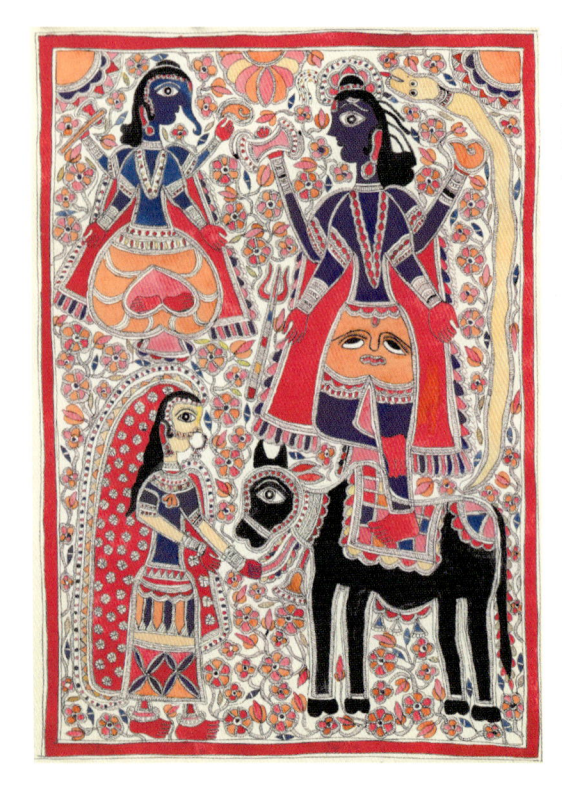

图 32 左：一幅马德胡巴尼绘画（Madhubani painting）现藏于贾格迪什与卡姆拉·米塔尔印度艺术博物馆（Jagdish and Kamla Mittal Museum of Indian Art）。

右：画作局部

无论是在喀奇县，还是在阿萨姆邦，印度的乡村房屋的内部装饰都体现了这种传统。然而，城市化往往会削弱我们所拥有的直观美感。因此，毫不奇怪，村庄中拥有更多的诚实和更少的腐败也就不足为奇了。由此可见，在当今世界，对美的欣赏程度取决于我们本能审美感和对美的直觉反应能力在多大程度上受到环境的影响而变得迟钝或敏锐。

因此，很明显，在人类进化和与其他物种竞争生存的过程中，对美的感知必然给人类带来优势。换言之，如果人类没有学会欣赏自然物体和现象的美，就可能不会发展到现在的程度，也不会像今天这样处于进化等级的顶端。学习科学——也就是说，理解自然现象——显然对人类有着极大益处。人类很可能在进化早期就发现，只有通过对美的直观认知与欣赏，人们才能认识并受到激励去理解所有科学背后的秩序。正如庞加莱（Poincaré）所说：

科学家研究自然并不是为了利用。他研究自然是因为他从中获得了愉悦；他从中获得愉悦是因为它是美丽的。如果自然不美丽，就不值得去了解，生活也就没有意义。

因此，我们可以合理地推断，人类对美的感知随着时代的变迁而演变，他对科学（即自然）的理解也是如此。事实上，自然本身就是简单和优雅的化身。因此，科学与艺术必须朝向还原至构成要素的方向发展，在概念、表述、执行和设计等方面呈现出趋于简约化的特征。

20世纪科学领域的例子有爱因斯坦的公式 $E=mc^2$（其中 E 代表能量，m 代表质量，c 代表光速），这表明质量和能量的等价性；以及1953年吉姆·沃森（Jim Watson）和弗朗西斯·克里克（Francis Crick）发现的遗传物质DNA的双螺旋结构。这两个极其简洁和优雅的公式解释并联结了一系列此前被认为的复杂、不同且不相关的现象。

同样，随着时间的推移，艺术发展进程也朝着基本要素的简化方向发展，我们的大脑对这些"元素"的反应使我们感到愉悦，并给我们带来审美体验。让我们以绘画的演变为例，看看 17 世纪荷兰画家伦勃朗（Rembrandt）的作品（图 33），或者工业革命前我们自己的传统细密画。毫无疑问，这幅画的特征是明显的。可能有人会说，特征并没有被简化为"元素"！可以看到，这些特征的一部分在 18 世纪和 19 世纪的欧洲印象派绘画中消失了（图 34）。

20 世纪初期见证了立体主义的兴起以及毕加索的抽象艺术（图 35）。立体主义摒弃了光影效果和透视法，而光线表达正是 18、19 世纪著名画家康斯特布尔（Constable）的强项。这些只是一部分例子，事实上，绘画中消除和简化的趋势一直在延续。如今，当人类和科学被认为比一百年前更加进步时，绘画中的结构已经被简化为基本元素。

图 33 伦勃朗画作

图 34 凡·高（Van Gogh）画作

图 35 巴勃罗·毕加索(Pablo Picasso)画作

当代抽象绘画或雕塑的重点在于形式、色彩、构图、几何结构、质地和对称（或故意缺乏对称），其抽象性和象征性可以与数学的抽象性和象征性相媲美。例如，20世纪晚期画家卡西米尔·马列维奇（Kazimir Malevich）（图36a）和皮特·蒙德里安（Piet Mondrian）（图36b、图37和图38）的画作就是这样。

如果审美体验根植于我们的基因中，那么，我们应该预期到遗传和身体两种类型的紊乱将剥夺我们这种体验的能力。

图39展示了美学体验子集的基础，并列出了一些美学体验过程中存在的障碍（疾病）。此外，让我们做一个推测性的猜想。我们认为有些人根本无法感受到任何形式的美，即使是面对优秀的绘画、雕塑、文学、音乐或科学。有趣的是，无法欣赏某一特定的创造性活动往往与无法欣赏所有其他创造性活动相关联。你可以在你的朋友（或者更可能是熟人）中寻找一下（对于一个能够体验美感的人来说，很难有一个完全没有这种能力的朋友）。

图36a 卡西米尔·马列维奇画作
由阿姆斯特丹市立博物馆（Stedelijk Museum Amsterdam）、布里奇曼艺术图书馆（Bridgeman Art Library）收藏。

图 36b　皮特·蒙德里安画作收藏于纽约州布法罗市的奥尔布莱特·诺克斯艺术馆（Albright Knox Art Gallery）。

图 37　皮特·蒙德里安的《百老汇爵士乐》(*Broadway Boogie Woogie*)
纽约现代艺术博物馆。照片 © 1999，纽约现代艺术博物馆。

图 38a 和 38b　蒙德里安画作

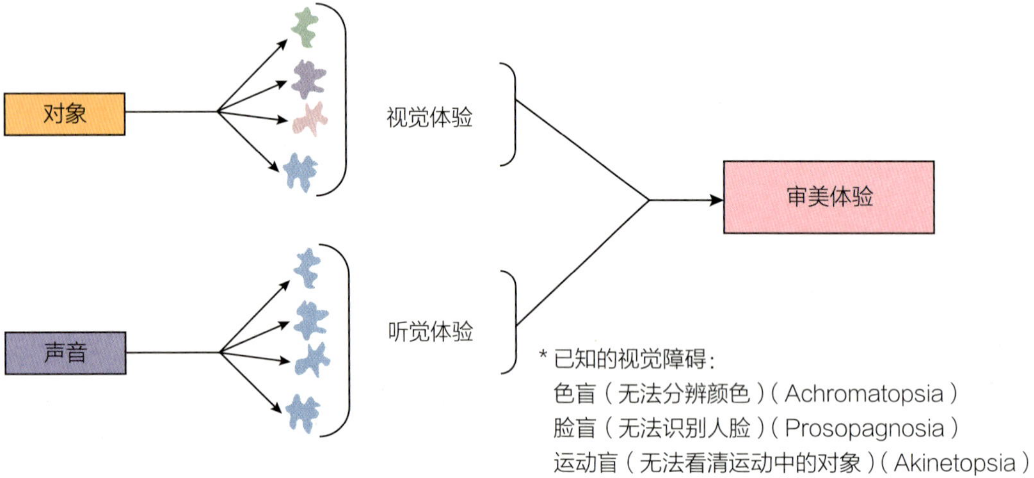
对象
声音
视觉体验
听觉体验
审美体验
* 已知的视觉障碍:
色盲（无法分辨颜色）（Achromatopsia）
脸盲（无法识别人脸）（Prosopagnosia）
运动盲（无法看清运动中的对象）（Akinetopsia）

图 39　视觉和听觉美学体验以及这些体验可能出现的问题

论题六

人的审美创造从自然中得到灵感

MAN'S AESTHETIC CREATIONS ARE INSPIRED BY NATURE

印度或许拥有着世界上最大、最悠久的纺织品生产传统，如纱丽的制作，其中很大一部分工作都是由手工完成的，无论是染色、编织、刺绣，还是其他工艺。一个有趣的方面是，所有这些生产都集中在我们的农村地区，而不是城市，那里的人们与自然直接接触。事实上，大自然为他们的创作提供了最多的灵感来源。让我们来欣赏收藏于贾格迪什与卡姆拉·米塔尔印度艺术博物馆的四件作品，我们有幸成为该博物馆四件展品的托管人。（图40、41、42、43）

图 40 古吉拉特邦的刺绣挂毯,约 1875 年
贾格迪什与卡姆拉·米塔尔印度艺术博物馆藏。

图41 克什米尔邦图案精美的帕什米纳披肩，约1750年
贾格迪什与卡姆拉·米塔尔印度艺术博物馆藏。

图 42 巴流纱丽末端，1860—1875 年
贾格迪什与卡姆拉·米塔尔印度艺术博物馆藏。

图43 瓦拉纳西的织锦，1875年
贾格迪什与卡姆拉·米塔尔印度艺术博物馆藏。

这些纺织品的精致之处对于具有审美感知能力的人来说是无法忽视的。

图 44 左侧展示了鲸鱼肌红蛋白（一种蛋白质）的三级结构模型，右侧是马蒂斯（Matisse）的一幅画（去掉颜色）。两者在结构上惊人地相似［鲸鱼肌红蛋白是由 X 射线衍射确定其三级结构的两种蛋白质之一。由于发现了肌红蛋白的结构，约翰·肯德鲁（John Kendrew）和马克斯·佩鲁茨（Max Perutz）于 1962 年共获诺贝尔奖］。或许正是对这种相似性的描绘使得马蒂斯成为一位伟大的画家。他本能地、毫不费力地创作出的作品在自然界中有一种回声——那是大自然的回应。

图 45 取自纳拉扬·桑亚尔（Narayan Sanyal）的孟加拉语著作《阿旃陀阿普鲁帕》（*Ajanta Apurupa*），展示了印度古典舞蹈婆罗多舞（Bharatanatyam）中的手印从花朵形态等自然形式演变而来的过

图44　人造形态和自然形态之间的相似处

X射线结构分析下显示的鲸鱼肌红蛋白（一种蛋白质）肽链折叠的三级结构模型（左）和亨利·马蒂斯的画作（右）。

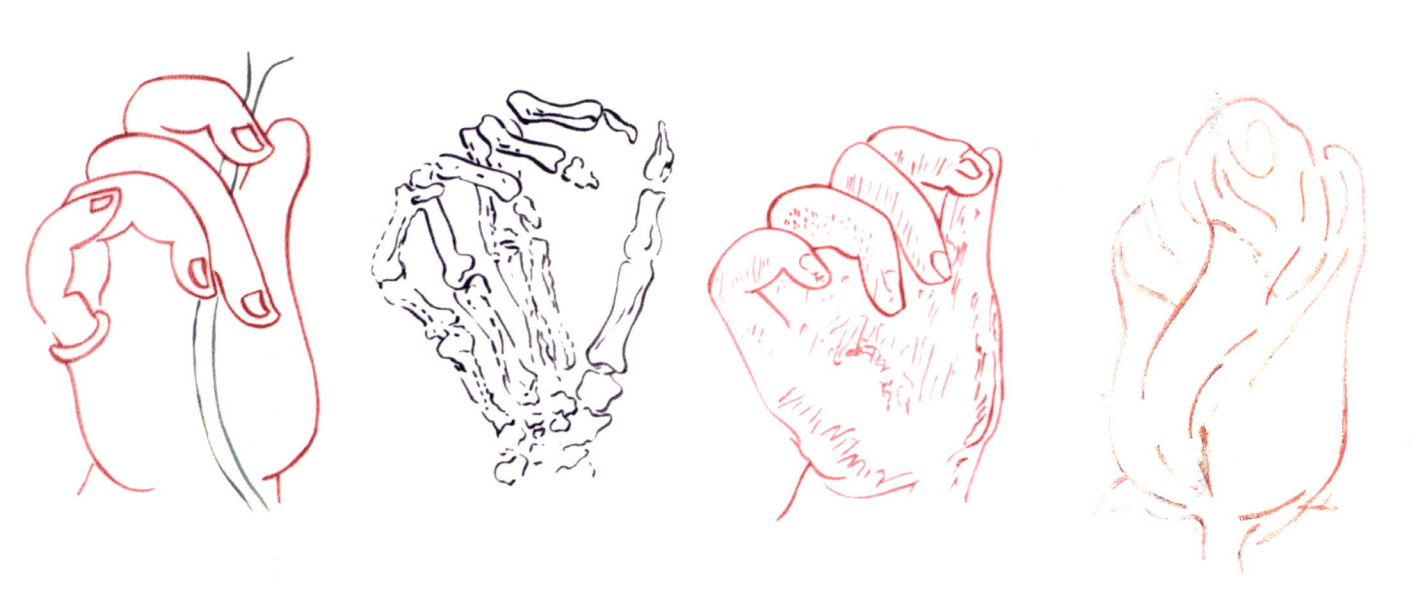

图 45　自然（花朵）和人类（舞蹈手印）创作的对比
引自纳拉扬·桑亚尔：《阿旃陀阿普鲁帕》，巴蒂亚书局（Bhartiya Book Stall）1983 年版，第 172 页。

程。已故的钱德拉莱哈（Chandralekha）是印度最有创造力的舞者之一，她追溯了婆罗多舞的动作是从动物动作演变而来。

图 46 同样来自纳拉扬·桑亚尔的著作，展示了大象轮廓与最著名、最美丽的男性形象之——阿旃陀石窟中的菩萨像之间的惊人相似。

因此，我们常常难以确定一个物体究竟是自然形成的还是人类创造的产物，这并不足为奇。图 47 并不是一张带有糖块的甜甜圈的照片，而是一个上面带有细菌的红细胞照片。同样，图 48 被造访我们实验室的弗朗索瓦·吉洛（毕加索的前女友，后来嫁给了第一种脊髓灰质炎疫苗的发明者乔纳斯·索尔克）误认为是裸体照片，但实际上那是一张试图吞噬细菌的白细胞的扫描电子显微照片（这两张照片都是由 CCMB 的古普塔博士拍摄，是放大倍数低但分辨率高的扫描电子显微照片）。同样，图 49 和图 50 中拉克沙群岛的珊瑚也很容易被人误认为是手工制作的雕塑。

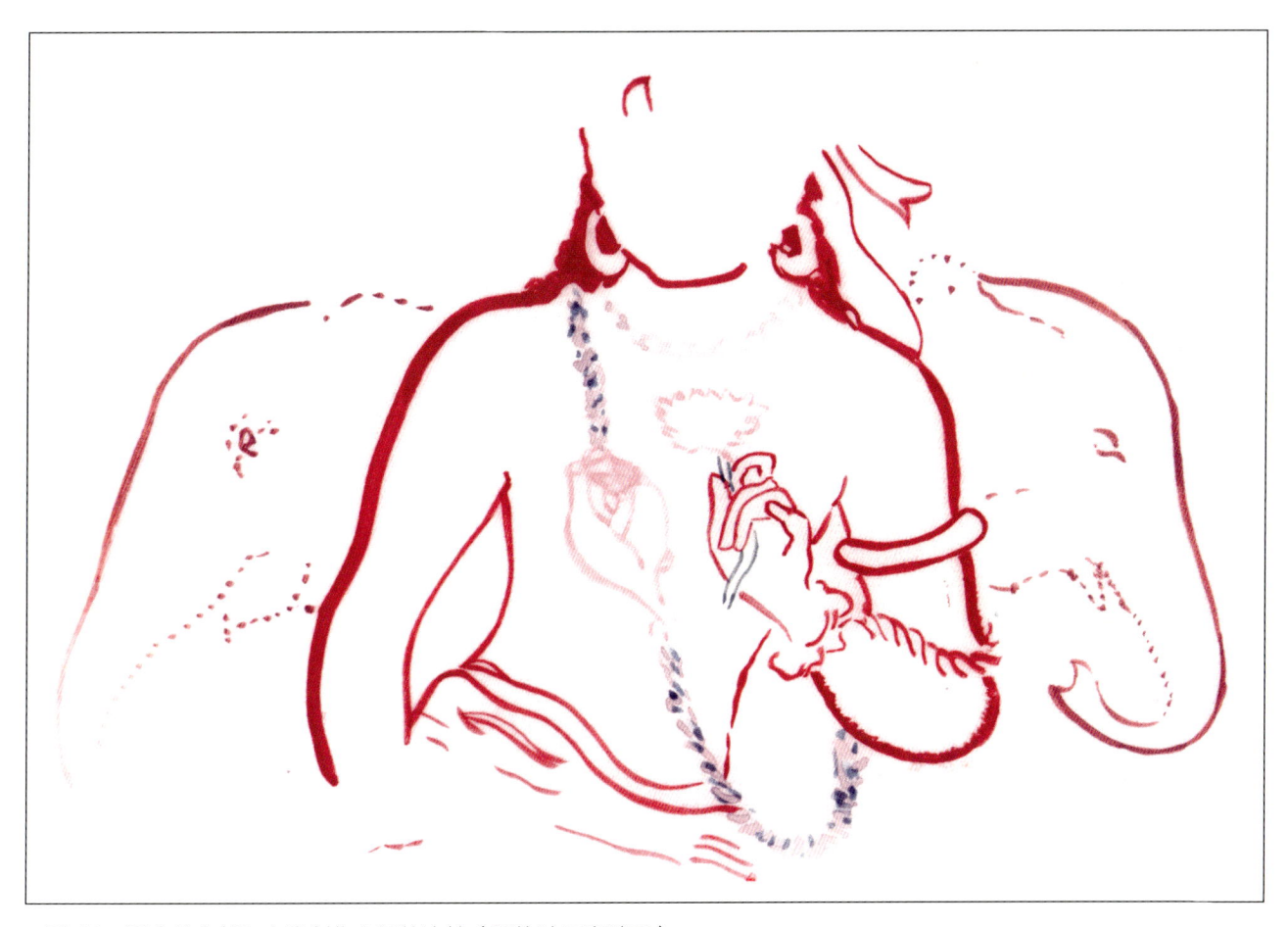

图 46　更多的自然和人类创作之间的比较（阿旃陀石窟壁画）
引自纳拉扬·桑亚尔：《阿旃陀阿普鲁帕》，巴蒂亚书局 1983 年版，第 173 页。

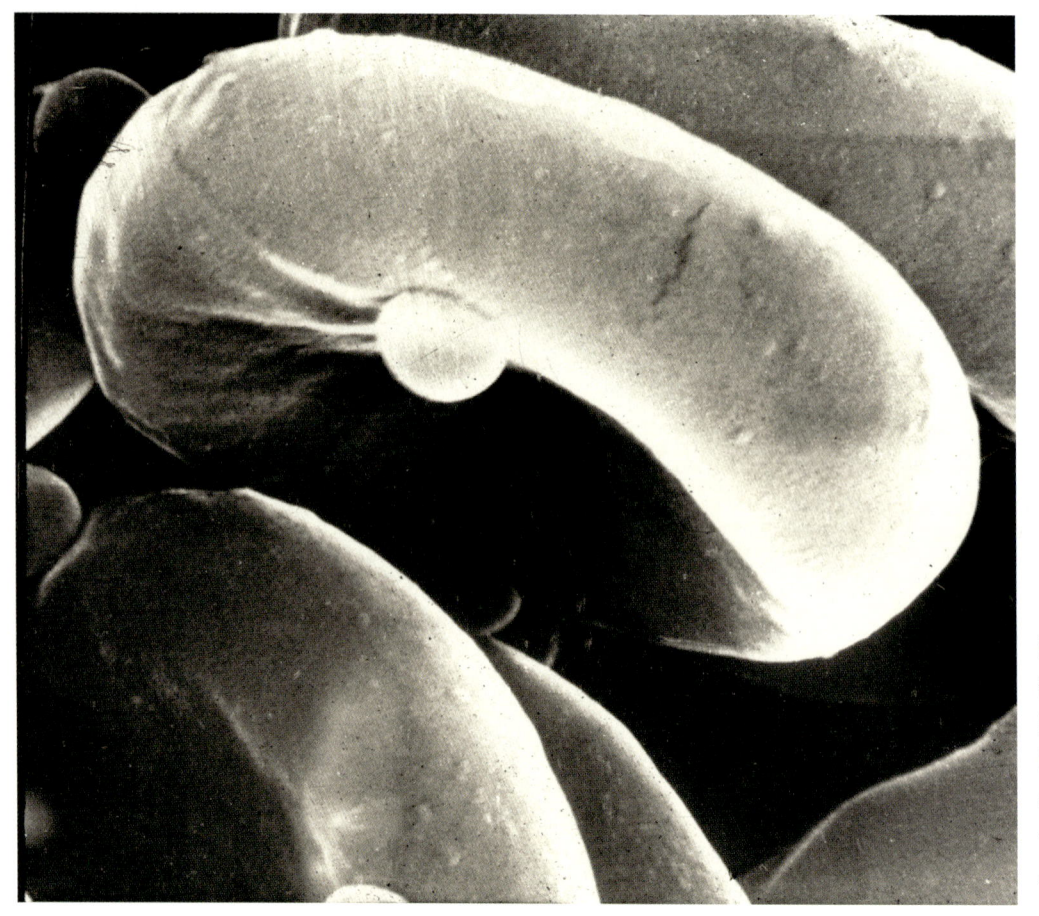

图 47 一张受感染个体的红细胞扫描电子显微照片，红细胞上附着了一个细菌

红细胞的数量级为 10 微米（1 微米 =10^{-6} 米）。照片由 CCMB 提供。

图48 人体淋巴细胞（白细胞）的扫描电子显微照片
照片由CCMB提供。

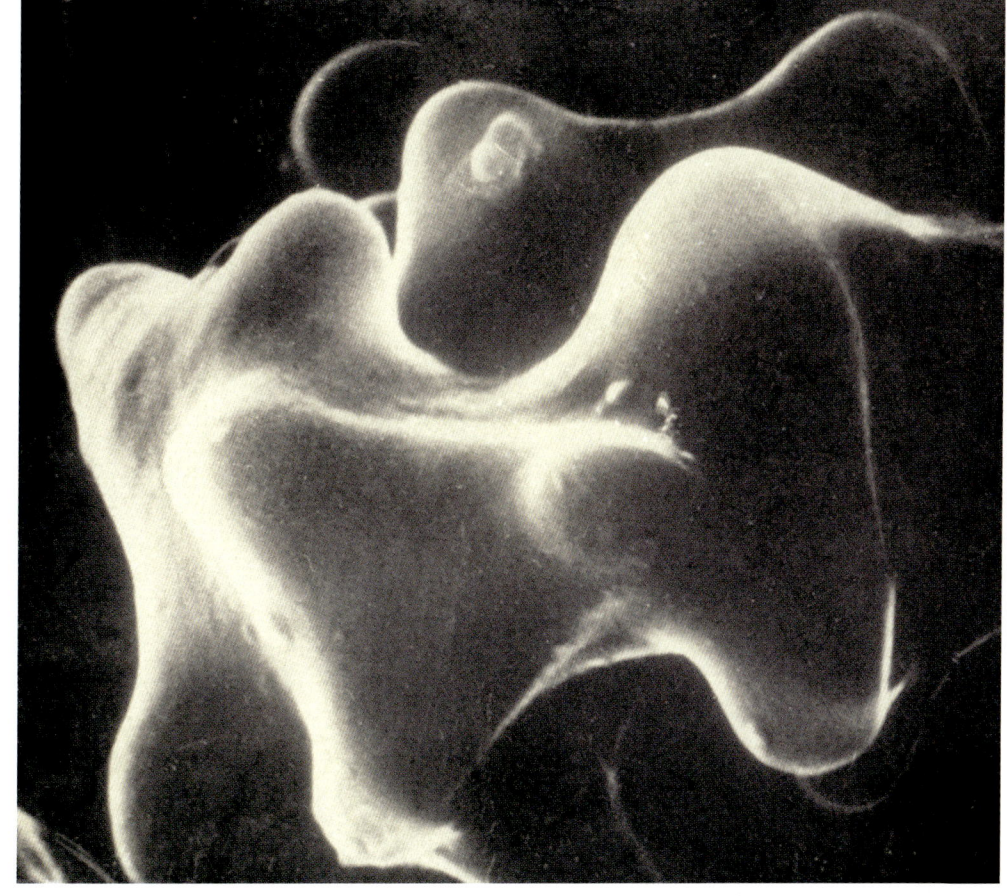

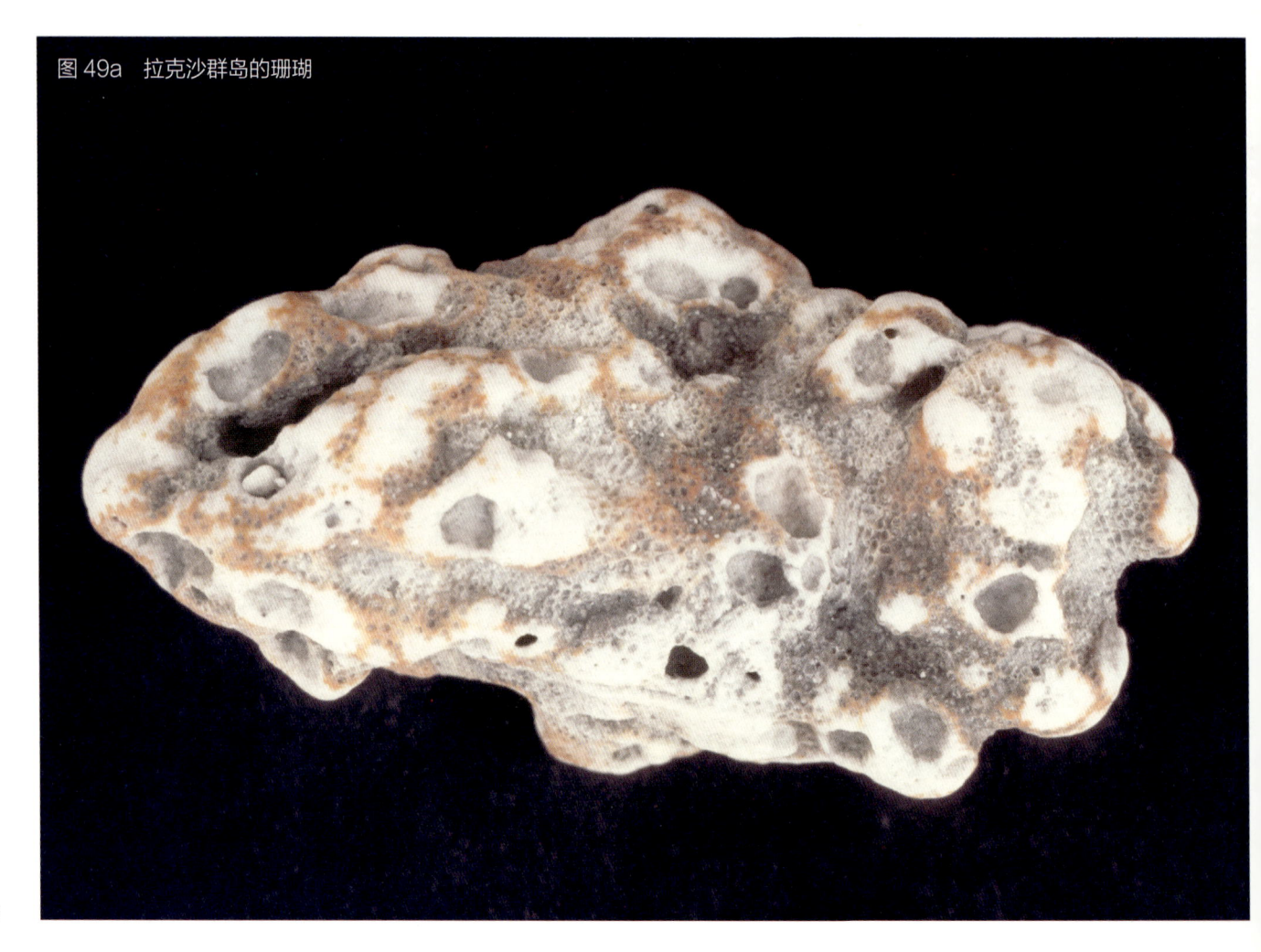

图 49a 拉克沙群岛的珊瑚

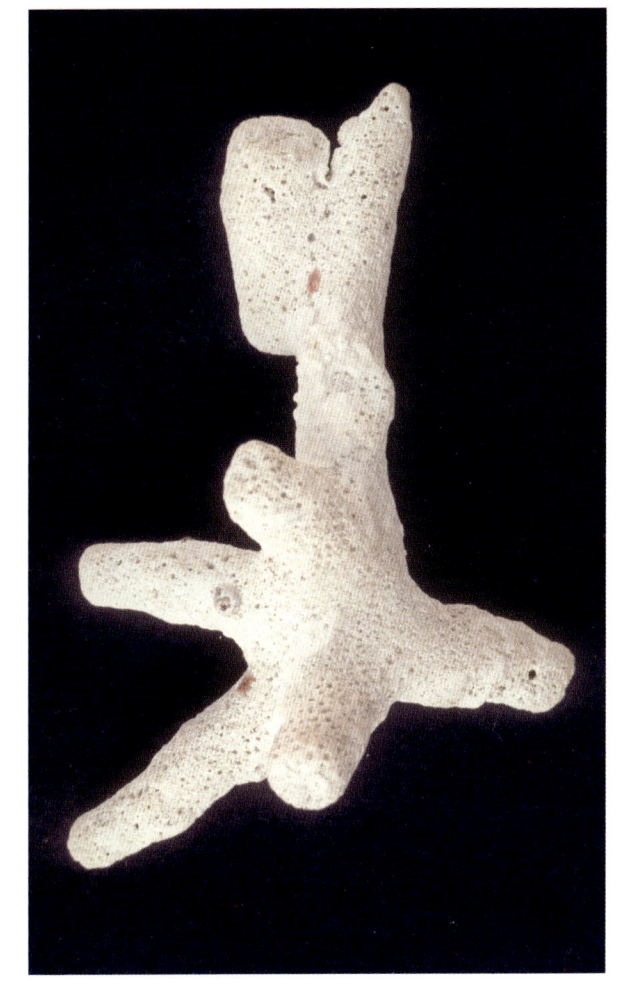

图 49b　拉克沙群岛的珊瑚

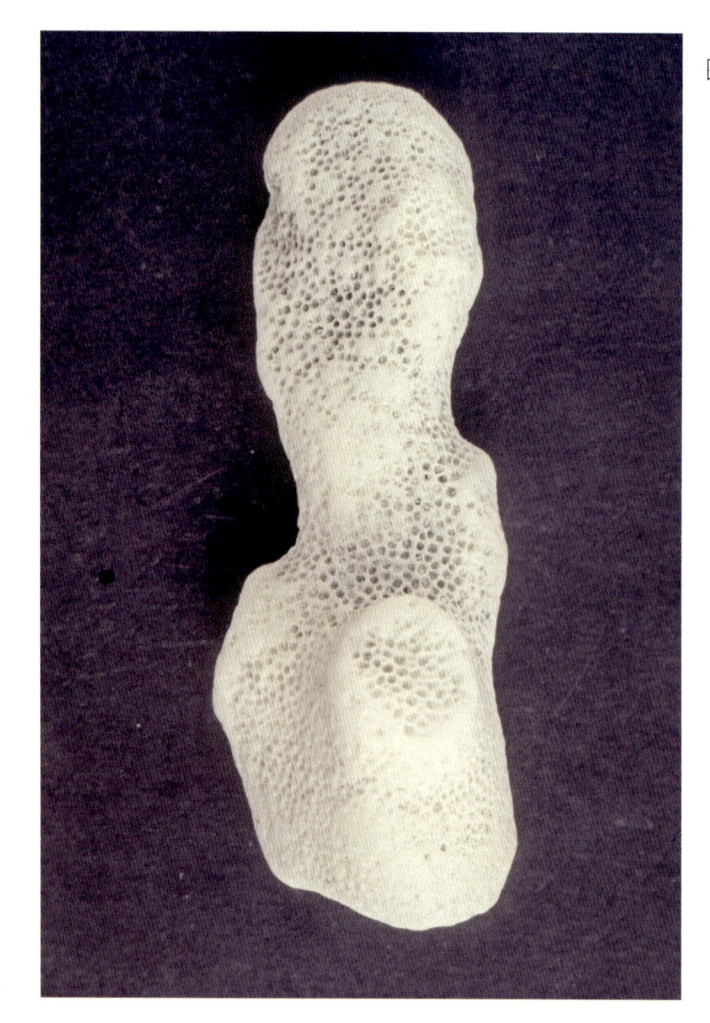

图 50a　拉克沙群岛的珊瑚

图 50b 拉克沙群岛的珊瑚

12 世纪著名的梵语诗人胜天（Jayadeva）在其不朽的名著《牧神赞歌》(*Gita Govinda*) 中赞美了拉达（Radha）的美：

你的眉如光滑的本杜迦叶；

你的蜜色脸颊仿佛天鹅绒般光洁润泽；

你那长长睫毛的眼美如莲花，闪着柔光；

你的鼻子犹如花朵蓓蕾；

你的牙齿似一排茉莉花瓣……

……你的乳如碧玉杯，

……你的眼似天上星；

你芳香的秀发，高贵的颈项，

还有女王般华丽的头颅；

你柔软的小脚，完美的嘴唇，

还有如茉莉花瓣般的牙齿……

　　胜天用来描述拉达的所有精美比喻都指向大自然的造物。

　　的确，历史上所有的艺术家——无论是诗人、画家还是雕塑家——都曾从大自然的创造中汲取灵感，无论是女人的美还是花卉的美，抑或是大自然以其无限多样的形式和功能所赋予的其他无数造物的美。胡赛因画作中的马既属于大地又属于天堂。他的作品（图51）灵感来源于活细胞。雷诺阿（Renoir）选择加布里埃尔（Gabriel）作为他最喜爱的模特，是因为她的皮肤"能如此完美地烘托着光线"。看来，所有我们直觉地认为美丽的人造物都是与自然融合并和谐共存的。

图 51 胡赛因的画作

论题七

一切形式的创造都包括美

ALL FORMS OF CREATIVITY HAVE ELEMENTS OF BEAUTY

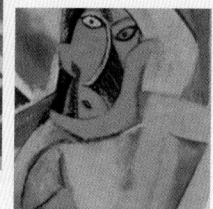

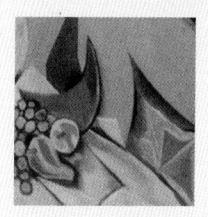

无论是在艺术还是科学领域，创造能力都采用了基本相同的方法——在科学领域中更为明确，在艺术领域中则更为隐晦。不幸的是，由于历史原因，这种方法被简单地统称为"科学方法"。事实上，它应该被称为"获取知识的方法"，或"发现真理与美的方法"，抑或是"寻找可靠答案的方法"——这些名称才能经得起时间考验。了解科学方法是如何应用于包括文学在内的各种艺术形式，对于我们而言是非常有益的。

一位具备创造力的科学家的工作方式是怎样的呢？他必然有一个问题需要去回答。科学问题的产生源于对现有信息和知识的细致观察与分析。

科学家是如何回答问题的呢？他们会提出各种假设。假设是一种可被验证的可能答案。在提出假设时，他会运用自己以往所有经验与知识。

为了验证假设，他会去做实验。如果实验结果不足以支撑这个假设，他就会改变假设。这个过程会一直持续到做了足够多的实验来证实他的假设，随后他就会找到答案。如果这个答案具有普遍适用性，那么，他就发现了一个新的定律或理论，并可能因此而成名！

因此，科学中的创造性冲动通常始于一个问题：一些令人不理解的东西，或因答案未知而让人心神不宁与兴奋的事物。事实上，正是这种"心神不宁"的情绪激励着科学家努力寻找答案。

对于画家、诗人与雕塑家来说，创作冲动也始于意识到有些事物令人兴奋、未知或未被理解。对于环境的深入观察与密切互动既是具备创造力的艺术家的特质，也是具备创造力的科学家的特质。

创作冲动促使艺术家对环境产生了新的认识。他发现有一些问题尚未得到解答，有一些事情他无法理解，有一些谜团——像一个女人一样变幻莫测，就像历史和艺术所证明的那样。他感到极度的刺激、担心、忧虑与不安，因为没有什么比未知、无法解释、令人无法理解的事物更能打动一个具备创造力的人了。"这个世界上的事物并不是存在即合理。有些事物需要人们去担心，有些事物亦会令人不安或忧虑。"或者会让人疑虑："谜底究竟是什么？"正是在评估、理解以及寻找答案的过程中，他像科学家一样，调动自己所有的知识和经验。这个过程有时是渐进的，有时是突发的，在这个思维训练的过程中，创造性的形象在他的脑海中构建起来——就像科学家的假设一样！

对于科学家与艺术家来说，被触动是创造的必要条件，却不是充分条件。许多人可能会对美丽的事物——如花朵、女子、自然景观——产生共鸣，但只有少数杰出者——能够在此基础上获得灵感并创造出新的作品。这些杰出者之所以能做到这一点，是因为他们受到足够深刻的触动，足以打破常规思维，并开始探究这些经历背后的奇迹。

如果美不仅能打动你，还能在你心中引发一种惊奇感，那么，它才有可能促使你如华兹华斯（Wordsworth）、塞尚（Cezanne）或阿姆丽塔·谢尔吉尔（Amrita Shergil）等艺术家那样去创作。因为在惊奇感中，包含着一个内在的问题。因此，提出问题与假设（或理论），即科学家在研究过程中使用的第一个步骤，在艺术家（无论他们是诗人还是画家）的创作过程中也有对应的存在。

那么，科学家是如何验证他的假设或理论的呢？通常是通过实验，或者在实验不可行时，通过逻辑推理来确定每个假设与现有知识的兼容性，从中选择最可能的假设。艺术家又是怎样的呢？事实上，对于作家或画家来说，他们创作的作品（例如一本书或一幅画）就是他们的实验。他们是否成功地找到了答案，将由观众或读者来决定。

画家或作家试图解答的问题通常比科学家提出的问题更加复杂。因此，通过一件艺术品——一首诗、一部小说或一幅画——可能无法获取一个明确的答案。然而，如果这些作品具有高水平创造力，它们总是能推动人类不断前进。通过传递"真理"的智慧,让理解它们的人更加博学。获得问题的答案的主要目的不正是使你变得更加博学,以便将来能够解决那些到目前为止尚未被提出的新问题吗?

对周围环境的关注、认识,以及对存在着悬而未决的问题这一事实的认知,是所有创造性活动的首要动机。这个问题可能与自然现象有关,如自然科学家和物理学家研究中的情况,也可能涉及社会现象,如作家所面临的情况。事实上,画家和作家,就像许多从事创造性工作的人一样,都从周围环境中汲取灵感。因此,可以得出一个结论:一个没有忧虑或无法超越个人利益问题意识的人永远不可能具有创造力。

换言之,无论是在科学还是艺术领域,创作冲动都源于同样的灵感,并最终通过使用类似的方法,使我们的知识与经验得以增长,从而推动人类进步。

论题八

科学家本能地偏爱美

A SCIENTIST IS INTUITIVELY PARTIAL TO BEAUTY

正如我们试图展现的那样，自然是科学规律的化身，它通过应用这些规律而创造出的秩序就是美。无论是科学家，还是任何门类的艺术家，如果没有察觉与感知这种秩序的能力，他们就无法进行创作。一位优秀的科学家对美有着直观的洞察力且充满激情，就如同优秀的画家、作家，或者任何从事创造性活动的人一样。如果在两种理论之间进行抉择，科学家会本能地选择那个符合他们审美观念的理论。苏利文（J. W. N. Sullivan）是牛顿（Newton）和贝多芬（Beethoven）传记的作者，他在《今日物理学》（*Physics Today*）1979 年 7 月刊发表的一篇文章中，引用了 1919 年 5 月《雅典人》（*Athenaeum*）杂志上的一段话：

由于科学理论研究的主要目的是表达在自然界中已存在的和谐因素，因此，这些理论在当下必然具备美学价值。科学理论是否有效的衡量标准实际上也是其审美价值的衡量标准，因为它反映了该理论在多大程度上将混乱转向和谐。科学理论的合理性正是体现在其审美价值中，科学方法的合理性也是如此。事实上，通过选择具备内在美的理论，科学家可以提高成功概率，历史已多次证明了这一点。

在《今日物理学》杂志的同一篇文章中，诺贝尔奖获得者天体物理学家 S. 钱德拉塞卡（S. Chandrasekhar）引用了赫尔曼·外尔（Hermann Weyl）在《空间、时间和物质》（*Raum-Zeit-Materie*）中提出的"引力规范理论"。显然，外尔相信这个理论并不是关于引力的真实理论，但它是如此美丽，以至于他不愿放弃。出于对美的考量，外尔让它保留了下来。许多年后，当规范不变性的形成被纳入量子电动力学时，事实证明外尔的直觉是正确的。钱德拉塞卡给出的另一个例子是外尔的中微子二分量相对论性波动方程。尽管外尔发现了这个方程，但物理学家们忽视了它长达三十年之久，因为它违反了宇称不变性（parity invariance）。然而，外尔的直觉被再次证明是正确的。一个定理的简练证明远比烦琐证明更令人满意。1956年，当我们的一位朋友（巴尔加瓦）问弗朗西斯·克里克为什么如此坚定地认为DNA一定是双螺旋结构时，他回答说："因为它太美了。"几年后，他凭借这一发现获得了诺贝尔奖，这一发现也奠定了现代生物学和生物技术革命的基础。

结　语

　　事实上，科学与艺术的践行者都是美的追求者，所有追求美的人都是在与真理邂逅。当代艺术代表着艺术的进步，正如当代科学代表着科学的进步。毫无疑问，人类对真理的永恒追求将引领人们在科学和艺术领域开辟新视野，正如它引领科学家和艺术家开辟美的新视野一样。只要我们能够使用五官来感知和识别美，然后通过科学、艺术或两者结合来理解我们所感知到的事物，进步就会悄然发生，因为这二者在材料、思维与理想方面都越来越相互依存。科学与艺术是两种可相互流通的货币，用哪一种都无关紧要，重要的是要知道你想买什么，以及它的真正价值！

　　济慈（Keats）说得非常正确：

美即是真，

真即是美——这是

你在世上知道和需要知道的一切。

爱因斯坦曾写信给海森堡（Heisenberg）：

如果自然引导我们走向极具简洁性和美感的数学形式——我这里所说的形式，是指由假说、公理等构成的系统（coherent systems of hypothesis, axioms, etc.）——走向之前无人涉足的形式，我们不禁会认为它们是"真实的"，因为它们揭示了自然的真实性……你一定也曾有这样的感受，自然突然在我们面前展现出某种关系不可思议的简洁性和完整性，而我们对此却毫无防备。

"美""创造力""科学""艺术""真理",这些概念可能有各自独立的起源,但它们之间有着密切联系——重叠部分如此之多——以至于很难分辨出它们的界限。它们相互渗透,使得它们的身份模糊不清。认识到这一点是一种丰富而有意义的体验。在此背景下值得注意的是,对绘画、雕塑、建筑、音乐、文学以及科学的欣赏通常是相互关联的。如果一个人具有直觉能力来欣赏某种形式的创造性,那么,他通常能够在不同程度上欣赏其他所有形式的具有内在美的创造性活动。相反,正如我们先前提到的,那些对音乐无感的人通常对视觉艺术视而不见,对科学也不敏感。或许,审美欣赏是由少数多态基因编码并受独特机制调控的。如果这种机制在基因上出现了问题,那么对所有形式美的欣赏都会出现异常。我们只希望本书读者没有人患有这种"基因缺陷"。既然我们已经知道了人类遗传物质(人类 DNA)的全部序列,或许有朝一日,我们可以找到与审美欣赏相关的基因,并了解它们表达和调控的方式。

为了使生活充实,我们既需要科学精神,又需要有热爱艺术的情怀。两者共同构成了美。

不足之处

在本书中，我们只讨论了与视觉和听觉相关的审美体验。我们没有讨论通过其他三种感官（嗅觉、味觉和触觉）获得的体验，也没有讨论其他相关审美体验，如优秀的文学作品体验。欣赏一首好诗、闻到一款香水、品尝一道美食，或是感受丝绸般的触感，这些都是审美体验。随着我们对其进行更精确的量化和描述，毫无疑问，它们也将被发现是普遍审美体验中与科学相关的一个子集。

对美的感知是受多种因素影响的，也是复杂的。或许我们因无知而把它过于简单化了！如果是这样，恳请谅解。

参考文献

1. A. K. 戴尔（A. K. Dyer）、H. M. 惠特妮（H. M. Whitney）、S. E. J. 阿诺德（S. E. J. Arnold）、A. J. 格罗弗（A. J. Grover）和 L. 奇特卡（L. Chittka）：《行为生态学：蜜蜂将温度与花卉颜色联系在一起》（*Behavioural Ecology: Bees associate warmth with floral colours*），《自然》2006 年，第 442 卷，第 525 页。

2. 阿马尔·克拉尔：《斐波那契的特点》（*Fibonacci's flavors*）。《自然》2002 年，第 417 卷，第 595 页。

3. 奇特拉·杜塔和乔蒂莫伊·达斯：《混沌博弈表示的数学表征：核苷酸序列分析的新算法》（*Mathematical characterization of chaos game representation: New algorithms for nucleotide sequence analysis*），《分子生物学杂志》（*Journal of Molecular Biol-*

ogy）1992年，第228卷，第715—719页。

4. 大野乾和大野 M（M. Ohno）:《重复出现的普遍原则不仅影响着编码序列的构建，也影响着人类在音乐创作方面的努力》(*The all pervasive principle of repetitious recurrence governs not only coding sequence construction but also human endeavor in musical composition*),《免疫遗传学》(*Immunogenetics*) 1986年，第24卷，第71—78页。

5. 大野乾：《基因和蛋白质构建的周期性规律》(*On periodicities governing the construction of genes and proteins*),《动物遗传学》(*Animal Genetics*) 1988年，第19卷，第305—316页。

6. 法新社（Agence France Presse，AFP）关于高桥和 J. 米勒工作的新闻报道：《将蛋白质序编成音乐》(*Proteins sequenced into music*),《新印度快报》(*The New Indian Express*)，海得拉巴，

2007年5月7日，第7页。

7. 铁木志科（D. Tymoczko）:《音乐和弦的几何结构》,《科学》2006年，第313卷，第72—74页。

8. 列奥纳多·达·芬奇《论绘画》（*Tratto della Pittura*），见 J. 盖奇（J. Gage）:《色彩与文化》（*Color and Culture*），英国泰晤士哈得孙出版社（Thames and Hudson Press），1993年版。

9. G. 斯维提钦（G. Svaetichin）:《单锥体的光谱响应曲线》（*Spectra response curves from single cones*），《斯堪的纳维亚生理学学报》（*Acta Physiologica Scandinavica*）1956年，第39卷，附录134，第18—46页。

10. 米歇尔·谢弗勒尔:《色彩的调和和对比原则及其在艺术中的应用》（*The Principles of harmony and contrasts of colour and their application to the arts*），C. 马特尔（C. Martel）译，英国贝尔

出版社（Bell Press），1899 年版。

11. J. 巴塔查里亚（J. Bhattacharya）和 H. 佩特舍（H. Petsche）：《听音乐时大脑中的普遍性现象》（*Universality in the brain while listening to music*），《英国皇家学会会刊 B 辑》2001 年，第 268 卷，第 2423—2433 页。

12. P. M. 格雷（P. M. Gray）、B. 克莱斯（B. Krause）、J. 阿特玛（J. Atema）、R. 佩尼（R. Payne）、C. 克拉姆豪斯尔（C .Krumhausl）和 L. 巴普蒂斯塔（L. Baptista）：《自然中的音乐和音乐中的自然》（*Music of nature and nature of music*），《科学》2001 年，第 291 卷，第 52—54 页。

13. I. 佩雷茨和 M. 寇海特：《音乐处理的模块性》（*Modularity of music processing*），《自然神经科学》（*Nature Neuroscience*）2003 年，第 688—691 页。

14. K. K. W. 康培（K. K. W. Kampe）、C. D. 弗里斯（C. D. Frith）、R. J. 多兰（R. J. Dolan）和 U. 弗里斯（U Frith）:《吸引力和凝视的价值》（Reward value of attractiveness and gaze），《自然》2001 年，第 413 卷，第 589 页。

15. 关于艾伦斯莱特作品的新闻报道:《新生儿被美丽的事物所吸引》（Newborns are attracted to beautiful things），《亚洲时代》（The Asian Age）2004 年 9 月 7 日，第 4 页。

16. J. 范（J Fan），F. 刘（F. Liu），J. 吴（J. Wu）和 W. 戴（W. Dai）:《女性外在吸引力的视觉感知》（Visual perception of female physical attractiveness），《英国皇家学会会刊 B 辑》2004 年，第 271 卷，第 347—352 页。

其他资源

在撰写本文时,我们广泛参考了我们早前的一篇文章《科学、创造力、美、自然和进化之间的相互作用》(Interplay of science, creativity, beauty, nature and evolution),载于《艺术与科学中的美学与动机》(Aesthetics and Motivation in Arts and Science),K. C. 古普塔(K. C. Gupta)主编,印度国家艺术委员会(IGNCA)和新时代国际出版社(New Age International Press)1996 年版,第 65—86 页,以及以下书籍:

马丁·波洛克(Martin Pollock)主编:《艺术与科学中的共同因素》(Common Denominators in Art and Science),英国阿伯丁大学出版社(Aberdeen University Press)1983 年版。

弗朗索瓦·吉洛:《界面：画家与面具》(*Interface: The Painter and the Mask*)，美国加利福尼亚州立大学出版社（The Press at California State University）1983年版。

萨米尔·泽基:《内在视觉：艺术与大脑的探索》(*Inner Vision: An Exploration of Art and the Brain*)，英国牛津大学出版社（Oxford University Press）1999年版。

伊恩·斯图尔特（Ian Stewarts）:《自然的数字》(*Nature's Numbers*)，英国菲尼克斯（奥莱恩图书有限公司）（Orion Books Ltd.）1998年版。

本书中未注明的引文，以及图27和图28，均摘自萨米尔·泽基的书。我们中的一位（普什帕·密特拉·巴尔加瓦）非常感谢前三本书的作者，感谢他们提供了许多个人交流的机会。

致 谢

本书的出版要归功于马潘出版社（Mapin Publishing）的比平·沙阿（Bipin Shah）在孟买举办的一次活动上对我们的建议。我们两人都应邀参加了这次活动，以庆祝艺术家里尼·杜马尔（Rini Dhumal）对绘画艺术所做出的贡献。我们猜想，他被我们这样两位科学家对艺术的浓厚兴趣以及在交谈中试图将艺术与科学联系起来的尝试所吸引。这本书就是这次聚会的结果。

我们特别感谢我们有幸结识的人和一些组织，他们提供的照片、艺术作品与其他素材被我们用于本书中，他们是：B. 纳吉什瓦拉·拉奥、P. D. 古普塔、大野乾、阿马尔·克拉尔、萨米尔·泽基、M. F. 胡赛因、贾格迪什与卡姆拉·米塔尔印度艺术博物馆，以及细胞与分子生物学中心 CCMB 等。这本书的设计则要归功于雅尔普·拉基亚（Jalp

Lakhia）。

我们还要特别感谢 R. 香德拉·普拉卡施（R. Chandra Prakash）和 K. 默罕（K. Mohan）为本书所做的排版工作。最后，如果没有我们的家庭伙伴兼行政人员甘戈·奈尔（Ganga Nair）夫人的鼎力支持，我们不可能完成这本书，在我们忙于编书期间，她细心地照料着其他一切事宜。

普什帕·密特拉·巴尔加瓦博士

禅黛娜·查克拉巴提女士

图书在版编目（CIP）数据

科学与艺术：美的两面 /（印）巴尔加瓦,（印）查克拉巴提著；王菡薇，叶晓林译 . -- 北京：东方出版社, 2025.2. -- ISBN 978-7-5207-4072-2

Ⅰ . N19；J0

中国国家版本馆 CIP 数据核字第 2024ZF3027 号

First published in English language in 2014 by Mapin Publishing, www.mapinpub.com
Text © Pushpa Mittra Bhargava and Chandana Chakrabarti
Photographs and illustrations © as listed
All rights reserved.

The simplified Chinese translation rights arranged through Rightol Media（本书中文简体版权经由锐拓传媒取得 Email:copyright@rightol.com）

科学与艺术：美的两面
KEXUE YU YISHU: MEI DE LIANGMIAN

作　　者：	［印］巴尔加瓦　［印］查克拉巴提
责任编辑：	李　烨
出　　版：	东方出版社
发　　行：	人民东方出版传媒有限公司
地　　址：	北京市东城区朝阳门内大街 166 号
邮　　编：	100010
印　　刷：	鸿博昊天科技有限公司
版　　次：	2025 年 2 月第 1 版
印　　次：	2025 年 2 月第 1 次印刷
开　　本：	880 毫米 ×1230 毫米　1/32
印　　张：	4.75
字　　数：	64 千字
书　　号：	ISBN 978-7-5207-4072-2
定　　价：	68.00 元

发行电话：（010）85924663　85924644　85924641

版权所有，违者必究

如有印装质量问题，我社负责调换，请拨打电话：（010）85924602　85924603